AF649788

Balkonkraftwerke

Modellauswahl, Installation, Ertrag, Speicherung

Stiftung Warentest

Inhaltsverzeichnis

57

Unverzichtbar: Was ein MPP-Track macht und warum er so wichtig ist

114

Stromverbrauc reduzieren: Dies Tipps machen einfac

Balkonkraftwerke

Was wollen Sie wissen?

Ihre Nachbarn haben es schon und schwärmen von den eingesparten Stromkosten? Sie lesen vom Boom der Mini-Photovoltaikanlagen und kommen jetzt auch ins Grübeln? Bevor Sie eine „Stecker-Solaranlage" an der Balkonbrüstung befestigen oder auf dem Flachdach einer Garage aufstellen, gibt es noch einige Fragen zu klären.

Panels mit 900 oder 2000 Wp, Wechselrichter mit 600 oder 800 W? Was stimmt denn nun?

Das sogenannte Solarpaket der Bundesregierung zur Förderung der Photovoltaik in Deutschland hat auch Änderungen für die Leistungswerte und die Genehmigung von „Stecker-Solarkraftwerken" beziehungsweise Balkonkraftwerken gebracht. Die Leistung der Photovoltaikpanels darf jetzt bis 2000 Watt Peak gehen. Die erlaubte Einspeiseleistung des Wechselrichters wurde von bisher maximal 600 Watt auf jetzt 800 Watt angehoben. Die Anmeldung beziehungsweise Registrierung der Anlagen muss nicht mehr beim Stromversorger erfolgen, sondern nur noch in einer vereinfachten Version beim Marktstammdatenregister (siehe Seite 138).
Auch bisher bestehende technische Hinderungsgründe wurden jetzt beseitigt.
Ein Zweirichtungszähler – also digitaler Stromzähler – ist nicht zwingend Voraussetzung. Übergangsweise dürfen die Anlagen weiterhin alte Ferraris-Zähler ohne Rücklaufsperre nutzen. Die laufen dann einfach rückwärts, wenn Strom eingespeist wird.

Gibt es denn eine Förderung, wenn ich ein Stecker-Solarkraftwerk installiere?

Eine bundesweite Förderung für die Installation eines Balkonkraftwerks in privaten Haushalten durch die Regierung gibt es aktuell (1. Oktober 2024) nicht. Allerdings wird seit Januar 2023 von Staats wegen auf den Kauf der Solaranlage und der dazugehörigen Komponenten keine Umsatzsteuer erhoben, sodass die Angebotspreise attraktiver werden konnten.

Erkundigen Sie sich aber vor dem Kauf eines Balkonkraftwerks nach Zuschüssen und Förderungen durch die zuständigen Landesregierungen und nach Förderprogrammen Ihrer Stadt oder Gemeinde. Es gibt da viele Angebote, deren Konditionen und Zugangsvoraussetzungen sich schnell ändern können, wie unsere Beispiele ab Seite 108 beschreiben.

Ich bin begeisterter Bastler und möchte mir selber ein Balkonkraftwerk zusammenstellen, geht das?

Ja, Sie können die Komponenten natürlich einzeln kaufen und selber ein Balkonkraftwerk aufbauen. Dabei ist aber zu beachten, dass die Komponenten technisch zusammenpassen und die Leistungsdaten von Panels, Wechselrichter(n) und Batteriespeichern harmonieren müssen. Wie Sie dabei am besten vorgehen, beantworten wir ab Seite 111.

Interessant kann es auch sein, gebrauchte Solarpanels von abgebauten Anlagen zu erwerben und weiter zu verwenden (siehe dazu Seite 128).
Auch wenn die nicht so leistungsfähig sind wie aktuelle Panels, trägt die Weiternutzung dazu bei, auf ökologisch sinnvolle Weise Ressourcen zu sparen und die CO_2-Freisetzung zu reduzieren.

Muss ich ein paar Solarpanels an der Balkonbrüstung genehmigen lassen?

Ja, der Vermieter und im Mehrparteienhaus die Eigentümergemeinschaft müssen ihre Zustimmung geben, bevor Sie ein Balkonkraftwerk von außen sichtbar anbringen dürfen. In der Vergangenheit gab es dazu mehrere Gerichtsverfahren mit unterschiedlichem Ausgang. Im Wohnungseigentumsgesetz ist inzwischen aber die Anbringung eines Balkonkraftwerks für Mieter und Wohnungseigentümer einfacher geworden, seit diese zu den „privilegierten Maßnahmen" gehört. Die Genehmigung durch die Eigentümer(-gemeinschaft) kann jetzt nur noch in besonderen Fällen verweigert werden (siehe Seite 69). Unverändert gilt, dass die Genehmigung unter Vorbehalten erteilt werden kann, welche Anlage wie und von wem installiert werden darf.

Ist ein Balkon-Solarkraftwerk als Hausrat versichert?

Bei unserer letzten Untersuchung zur Hausratversicherung (Finanztest 7/2024) wurde das noch nicht berücksichtigt. Bei einer nachträglichen Befragung der Versicherer hat sich jedoch ein uneinheitliches Bild ergeben. Bei vielen Hausratversicherungstarifen gehören die mobilen Balkon-Solaranlagen zum Hausrat. Die Risiken Sturm und Hagel im Freien werden oftmals ausgeschlossen, bei einigen Anbietern sind sie über die Premium-Tarife abzusichern. Bei einigen Versicherern können Überspannungsschäden durch Blitz oder weitere Naturgefahren zusätzlich versichert werden. Aufgrund des sehr unterschiedlichen Versicherungsumfangs in den Tarifen raten wir, sich direkt bei Ihrem Hausratversicherer zu erkundigen, welche Risiken in Ihrem Tarif mit versichert sind. Vereinzelt kann auch eine Sondervereinbarung zum Einschluss der Anlage abgeschlossen werden. Die besten Verträge zur Hausratversicherung finden Sie hier auf Seite 102.

Was ist, wenn mein Balkonkraftwerk bei weitem nicht die Leistung liefert, die rechnerisch zu erwarten wäre?

Je nachdem, wo Sie gekauft haben, haben Sie unterschiedliche gesetzliche Rechte auf die Rückgabe oder den Umtausch von nicht funktionierenden Bauteilen Ihres Balkonkraftwerks. Kompliziert wird es, wenn Sie nicht ein Komplettpaket erworben haben, sondern sich die Komponenten nach eigenen Kriterien zusammengestellt haben. Hier müssen Sie erst einmal herausfinden, wo genau der Fehler liegt, bevor Sie das kaputte Bauteil beim Verkäufer reklamieren können (siehe „Gewährleistung und Garantie“, Seite 85).

Unser Balkonkraftwerk speist mittags bis zu 800 Watt ein, was wir tagsüber gar nicht brauchen. Was machen mit dem Überschuss?

Verkaufen lohnt sich nicht. Die Strommengen, die als Überschuss ins Netz gehen, sind erfahrungsgemäß nicht so groß, dass sich der kommerzielle Betrieb lohnt, weil die Einspeisung mit Eigenverbrauch seit August 2024 nur mit bis zu 8 Cent pro kWh vergütet wird. Oder Sie speisen den Überschuss tagsüber in einen Batteriespeicher ein und rufen den Strom abends ab. Noch Ende 2023 war das wirtschaftlich nicht so interessant. Aber mit den höheren Leistungsdaten und seit dem starken Preisverfall für die Stecker-Solaranlagen – zum Teil auch inklusive Akkuspeicher – kann sich das inzwischen in überschaubaren Zeiträumen rentieren, wie unsere Modellrechnungen (siehe ab Seite 47) zeigen.

Strom erzeugen mit der Energie der Sonne

Die fossilen Energieträger haben in den letzten Jahren manchen Preisschock ausgelöst. Ursache waren aber eher politische Gründe als ein Mangel an Förderkapazitäten. Also einfach abwarten, bis die Preise wieder sinken?

Beim Thema „Energie" geht es heute nicht mehr nur darum, die eigene Stromrechnung möglichst klein zu halten. Die Diskussion um fossile Energieträger, hauptsächlich sind das Erdöl und Erdgas, und die Folgen der Verbrennung zu unter anderem CO_2 auf das globale Klimageschehen wogt seit Jahrzehnten durch die Medien.

Zunehmende Konzentrationen von CO_2 und Methan in der Atmosphäre gehen einher mit weltweit steigenden Temperaturen. Die Folgen eines beschleunigten Klimawandels auf der Erde sind schon an vielen Stellen unübersehbar und werden in den nächsten Jahrzehnten weiter zunehmen. Demzufolge gilt es, den Ausstoß klimaschädlicher Gase, die den Treibhauseffekt verstärken, stark zu reduzieren. In erster Linie sind das eben CO_2 und Methan.

Nachwachsende Rohstoffe wie Holz (zum Heizen zu Pellets verarbeitet), die praktisch eine CO_2-neutrale Bilanz aufweisen, können – weltweit betrachtet – nur einen kleinen Beitrag leisten und das Problem der Energieversorgung nicht auf Dauer lösen.

Wind und Sonne gibt es in Deutschland frei Haus. Die Abhängigkeit von Gas- und Ölimporten sinkt.

Überdies sind die auf der Erde noch vorhandenen fossilen Energiestoffe endlich. Bereits seit längerer Zeit führen geopolitische Einflussnahmen zur Sicherung der letzten Rohstoffreserven auf dieser Erde zu Krisen, Kriegen und Abhängigkeiten, die auch in Europa zu spüren sind. Der Krieg in der Ukraine und die als Reaktion darauf ausgerufene „Zeitenwende" führen uns deutlich die Abhängigkeiten in der Energieversorgung vor Augen. „Billiges" Gas und Öl haben uns in den vergangenen Jahren eine gewisse Komfortzone beschert – was dazu geführt hat, dass mögliche Folgen dieser Abhängigkeiten ausgeblendet wurden.

Es gilt also, neue Energiequellen zu erschließen und auszubauen, die wir als saubere Technologien bezeichnen. Die universellste Form nutzbarer Energie ist elektrischer Strom.

Dieser wird schon seit Langem in Großanlagen zur Elektrizitätserzeugung wie Staudämmen, Windkraftanlagen, Gezeitenkraftwerken, Solarparks und Atomkraftwerken produziert. Wirtschaftlich ließ sich die Erzeugung elektrischen Stroms aber bis vor wenigen Jahrzehnten nicht dezentral in kleinen Anlagen bei den Verbrauchern selbst bewerkstelligen. Nicht zuletzt deshalb wurden und werden kleine Photovoltaikanlagen politisch gefördert und finanziell unterstützt.

Photovoltaik nutzt als primäre Energiequelle die überall verfügbare Sonneneinstrahlung. Man muss den Energieträger also nicht aus Lagerstätten fördern und aufwendig zu Großanlagen für die Energiegewinnung transportieren, was per se umweltschonend ist. Und weil die „Produktionseinheiten", also die bekannten Photovoltaikpanels, vergleichsweise klein und leicht sind, braucht man keine aufwendige Großstruktur, um sie zu betreiben. Das bietet zudem die Chance, dass viele vorhandene (zugebaute) Flächen zur emissionsfreien Energiegewinnung genutzt werden können. Am bekanntesten dafür sind wohl die Dachflächen von Häusern und Industriegebäuden. Das erspart ein weiteres Versiegeln wertvoller Bodenflächen.

Das mögliche Potenzial in Deutschland für die Installation von Photovoltaik (PV) beträgt bei den vorhandenen Dach- und Fassaden- sowie brachliegenden Bodenflächen mehr als 1000 Gigawatt (GW). Damit ließen sich pro Jahr mehr als 1000 Terawattstunden (TWh) elektrischer Energie produzieren – und damit weit mehr, als der derzeitige deutsche Strombedarf beträgt.

Der Haken dabei, vereinfacht ausgedrückt: Die Sonne scheint nicht immer mit konstanter Kraft. PV-Energie steht in Deutschland damit nicht konstant zur Verfügung. Jahreszeitlich und im Tagesverlauf stark schwankende Stromproduktion, die von der Sonneneinstrahlung abhängt, muss anderweitig ausgeglichen oder ergänzt werden. Selbst wenn man die Speicheroptionen in Großbatterien oder Batteriespeichern in allen Haushalten berücksichtigen würde, würde der damit erzeugbare Solarstrom nicht für die durchgehende Versorgung aller Haushalte und Industrieanlagen ausreichen. Zudem wird der Strombedarf aller Voraussicht nach in Zukunft weiter kräftig ansteigen. Man denke nur an E-Autos, gewaltige Rechenzentren für das Internet und angeschlossene Dienste, die Umstellung der Industrie auf Strom als Ersatz für Kohle, Öl und Gas. Für eine vollständig regenerative Energieversorgung ist in Deutschland daher ein Mix verschiedener erneuerbarer Energien erforderlich, wobei die größten Potenziale bei der Windenergie liegen, gefolgt von der Photovoltaik.

Neben den vielleicht rein finanziellen Vorteilen („Rechnet sich die Investition in absehbarer Zeit? Kann ich damit sparen?") motiviert und treibt viele Menschen auch an, bei der Energieversorgung unabhängiger zu werden. Das Motto deshalb: „selbst in der Praxis etwas tun" für den Umweltschutz. Mit Balkonkraftwerken ist dies mit kleinem Etat für jeden Bewohner einer Miet- oder Eigentumswohnung möglich, ohne dass man gleich für Zehntausende Euro die große Photovoltaikanlage aufs Dach des Mehrparteienhauses baut und sich dazu mit hohem bürokratischen und organisatorischen Aufwand herumschlagen muss.

Die Photovoltaik bietet gerade für einzelne Haushalte die Möglichkeit einer dezentralisierten und in manchen Fällen auch weitgehend autarken Energieversorgung. Daher ist diese Energieerzeugungsform ein spannendes Umfeld mit weiterem Entwicklungspotenzial und einer Vielzahl von Einsatzmöglichkeiten, insbesondere in Eigenheimen. Mit einem Balkonkraftwerk werden Sie eine vollständige Eigenversorgung Ihres Haushalts zwar nicht erreichen, aber Sie können die Technologie im preiswerten Maßstab kennenlernen und persönlich einen Teil zur dezentralen Stromversorgung in Deutschland und Europa beitragen. Viele kleine Einzelbeiträge addieren sich über das ganze Land dennoch zu einer respektablen Größe hinsichtlich des Stromverbrauchs!

Kleines Strom-ABC

In diesem Ratgeber verwenden wir technische und elektrophysikalische Begriffe, die den meisten Leserinnen und Lesern nicht oder nicht mehr ganz geläufig sein werden. Die wichtigsten beschreiben wir hier kurz.

- **Elektrische Spannung.** Wenn elektrische Ladungen auf zwei Seiten einer Trennschicht unterschiedlich verteilt sind, entsteht ein Ladungsgefälle, eine messbare Spannung zwischen den beiden Halbzellen. Angegeben wird die elektrische Spannung in der Einheit Volt oder kurz V. Das mathematische Formelzeichen für die elektrische Spannung wird mit U bezeichnet. Haushaltsstrom hat eine Spannung von 230 Volt.
- **Als Gleichspannung** (DC) wird der gleichgerichtete Stromfluss bezeichnet, wie er zum Beispiel aus einer Batteriezelle oder auch aus einem Photovoltaikmodul kommt.
- **Mit elektrischer Wechselspannung** (AC) hingegen wird im öffentlichen Stromnetz gearbeitet. Dabei schwingt die Stromrichtung in Deutschland 50-mal pro Sekunde, sie oszilliert mit der Frequenz von 50 Hertz.
- **Stromstärke.** Fließen elektrische Ladungsträger (Elektronen) durch ein Medium, zum Beispiel durch ein Kupferkabel, kann man die Stromstärke messen, also die Anzahl der Ladungsträger pro Zeiteinheit, die durch das Kabel fließen. Die Maßeinheit für die elektrische Stromstärke ist das Ampere oder kurz A. Die Abkürzung in mathematischen Rechnungen lautet I.
- **Der elektrische Widerstand** R eines Leiters in der Einheit Ohm (Ω) ist elektrische Spannung dividiert durch den elektrischen Strom. R (Ohm) = U (Volt) / I (Ampere).
- **Elektrische Arbeit** ist die Energiemenge, die in einer bestimmten Zeit fließt. Mathematisch ist Arbeit das Produkt aus Leistung und Zeit. Die elektrische Energiemenge mit dem Formelzeichen N hat die Einheit Wattstunden (Wh) oder auch Kilowattstunden (kWh). Arbeit (N) = Leistung (P) x Zeit (t).
- **Die elektrische Leistung** P ergibt sich aus dem Produkt von Spannung und Stromstärke und wird in Watt angegeben: U x I = P, also zum Beispiel 230 Volt x 0,261 Ampere = 60 Watt. Hohe Leistung bedeutet, dass viel Arbeit in sehr kurzer Zeit verrichtet wird.
- **Als Phase** bezeichnet man im Haushalt den stromführenden Leiter (schwarzes Kabel), der Strom aus dem Netz zum Schalter oder zur Steckdose führt. (auch Phasenleiter oder Außenleiter). Das Kürzel für den Außenleiter ist L. Der in der Regel blaue Neutralleiter hat dagegen das Kürzel N. Das Kabel in einer grün-gelben Ummantelung ist der Schutzleiter (Abkürzung PE), der auch als Erdung bezeichnet wird.

Einführung in die Photovoltaik

Es ist schon eine faszinierende Technologie: Elektrischer Strom wird direkt aus der einfallenden Sonnenstrahlung erzeugt. Lautlos und ohne Abgase in die Umgebung zu blasen.

Denkt man an die Kraft der Sonne, denkt man wohl in erster Linie an angenehme Wärme. Diese wird schon sehr lange genutzt, um beispielsweise Warmwasser für den Haushalt bereitzustellen. Früher stellte man schwarz gefärbte Wassertanks auf das Dach, die sich tagsüber durch die Wärmestrahlung der Sonne erwärmten, später kamen die Solarkollektoren, die im Verbund mit isolierten Wassertanks und einer ausgeklügelten Regelungstechnik weit effizienter für die solare Warmwasserproduktion eingesetzt werden. Heute ist dieses Prinzip unter dem Begriff „Solarthermie“ bekannt.

Der klassische Weg zur Produktion elektrischen Stroms beruht hingegen auf der Erzeugung oder Nutzung mechanischer Bewegung, die durch Generatoren in elektrische Energie umgewandelt wird. Nicht so bei der Photovoltaik: Man setzt ein Material der Sonnenstrahlung aus und erhält damit direkt elektrischen Strom geliefert. Wie kam es eigentlich dazu?

Kurze Geschichte der Photovoltaik

Die Stromerzeugung aus warmen Lichtstrahlen indes liegt in der Vorstellung etwas fern. Bei der Stromproduktion kommt es weniger auf die Wärme an, sondern allein auf das Licht.

Grundlage hierzu bilden Materialien, die in einer speziellen funktionellen Zusammensetzung in der Lage sind, einfallendes Licht direkt in Strom umzuwandeln. Diese Umwandlung nennt man den photovoltaischen Effekt. Der Begriff leitet sich aus dem griechischen Wort für Licht (im Genitiv: photos) sowie aus der Einheit für die elektrische Spannung, dem Volt (nach Alessandro Volta), ab.

Diesen Effekt der Lichtumwandlung in elektrische Energie hat der französische Physiker Alexandre Edmond Becquerel im Jahr 1839 entdeckt. Im Zuge der weiteren Erforschung – insbesondere durch Albert Einstein mit seiner 1921 mit dem Nobelpreis für Physik ausgezeichneten und bereits 1905 erschienenen Lichtquantentheorie – gelang es dann 1954, die ersten Siliziumsolarzellen zu produzieren – wenn auch noch mit einem geringen Wirkungsgrad von rund 6 Prozent. Möglich wurde dies unter anderem durch die Verfügbarkeit hochreinen Siliziums. Hieraus ergaben sich 1955 die ersten technischen Anwendungen für die Stromversor-

„Mikro-Solarkraftwerk"
Solarzellen machten den wissenschaftlichen Taschenrechner von 1990 unabhängig von Batterien und Stromnetz. Das funktioniert auch heute noch ... über 30Jahre später.

gung von Telefonverstärkern sowie für Belichtungsmesser in der Fotografie.

Seit Ende der 1950er-Jahre kommen PV-Zellen in der Satellitentechnik zur Anwendung. Gerade die Raumfahrt erbrachte durch die gestiegene Nachfrage insbesondere in den 1960er- und 1970er-Jahren erhebliche Fortschritte in der Entwicklung und Anwendung von solarer Technik.

Industrielle und weitreichendere Anwendungen der Photovoltaik wurden wegen der hohen Kosten als völlige Illusion betrachtet, da doch Erdöl und Erdgas billig und reichlich zur Verfügung standen.

Dennoch erkannte man den Vorteil seitens der Wissenschaft, weshalb entsprechende Entwicklungen nie eingestellt wurden. Das Ergebnis weiterer, zumindest noch stromnetzunabhängiger Anwendungen fand sich in den 1970er-Jahren mit kleinen Zellen bei Taschenrechnern und Uhren, welche damals aber zunächst noch Luxusartikel darstellten.

Spätestens durch die Nuklearunfälle von Harrisburg im Jahr 1979 und Tschernobyl 1986 setzte auch gesellschaftlich und politisch ein Umdenken in der Energieerzeugung ein. Ab Ende der 1980er-Jahre wurde die Technologie der Photovoltaik insbesondere in den USA, Japan und Deutschland gefördert und erforscht, um in erster Linie die Effizienz, also den Wirkungsgrad der Umwandlung von Sonnenlicht in elektrischen Strom, zu verbessern. Die Raumfahrt war hier ein Pionier, die industrielle Fertigung von Solarzellen und -modulen begann in Deutschland mit Kleinserien für die autonome Energieversorgung von Satelliten. Auf der Erde blieb der private Einsatz eher Technikenthusiasten vorbehalten.

Später begannen viele Regierungen – auch in Deutschland –, die Photovoltaik finanziell zu fördern, um den Markt anzukurbeln und die Technik mittels einer erhöhten Nachfrage wirtschaftlich konkurrenzfähiger zu machen. In Deutschland entstanden aber vorerst nur staatlich geförderte Demonstrationsprojekte sowie Inselanlagen ohne Anschluss ans allgemeine Stromnetz. Die breite Markteinführung hob in Deutschland dann 1990 mit dem finanziell geförderten „1000-Dächer-Programm“ an, bei dem die ersten netzeinspeisenden PV-Anlagen installiert und betrieben wurden. Bald nach dem Ende dieses ersten Modellprojekts folgte im Jahr 1999 das deutlich größere „100 000-Dächer-Programm“.

Beide Programme erhielten günstige Finanzierungskonditionen von der Kreditanstalt für Wiederaufbau (KfW, heute KfW Bankengruppe). Zudem wurde den Betreibern von PV-Anlagen das gesetzlich verbriefte Recht zugesprochen, den selbst produzierten Strom ins öffentliche Netz einzuspeisen. Dafür erhielten sie eine finanzielle Vergütung, sie wurden also zu kleinen „Stromunternehmern“.

Den stärksten Anstoß für den breiten Einsatz von Photovoltaikanlagen in der Privatwirtschaft gab in Deutschland die Förderung durch das Erneuerbare-Energien-Gesetz (EEG) im Jahr 2000. Entscheidend für die Wirtschaftlichkeit der Anlagen war, dass hier erstmalig eine weitgehend einheitliche Vergütung für alle PV-Anlagen gesetzlich garantiert wurde, egal ob als Installation auf einem Wohngebäude oder als Großanlage auf dem freien Feld. Damit konnten sich Interessenten bereits vor dem Kauf mit hoher Sicherheit ausrechnen, ob und innerhalb welches Zeitraums die geplante Anlage wirtschaftlich profitabel zu betreiben sein konnte, auch wenn die Technik damals noch sehr kostspielig war. Das Ziel der Förderung war schließlich, durch die Ausweitung der Serienproduktion und die wachsende Konkurrenz der Anbieter von PV-Anlagen die Kosten bei der Herstellung von PV-Modulen zu senken, sodass die Preise in den nächsten Jahren stetig sinken sollten. Deshalb wurde die garantierte Einspeisevergütung im Erneuerbare-Energien-Gesetz mit jedem Betriebsjahr stetig verringert.

Mit den wachsenden Kapazitäten beim Solarstrom rückte das Thema Eigenverbrauch stärker ins Bewusstsein. Um die Schwankungen im allgemeinen Stromnetz zu begrenzen, wurden Anreize geschaffen, den Solarstrom vor Ort gleich selbst zu verbrauchen.

Währenddessen hatten auch die europäischen Nachbarländer eigene Programme zur Förderung der Solarwirtschaft etabliert und konnten damit ebenfalls eine große Nachfrage nach PV-Anlagen auslösen.

Gesellschaftlich und dann auch politisch löste der Reaktorunfall in Fukushima im Jahr 2011 einen weiteren Schock und Zweifel an der Sicherheit von atomaren Energieerzeugungsanlagen aus. Deutschland beschloss den Ausstieg aus der Kernenergie zur Stromerzeugung. Ab 2012 gab es dann trotzdem einschneidende Veränderungen bei der Vergütung von Solarstrom, um den stark anwachsenden Zubau von Photovoltaikanlagen einzubremsen. Mehrere unmittelbar aufeinander folgende Kürzungen der Einspeisevergütung sowie die mit jedem Betriebsmonat sinkende Vergütung führten ab 2013 zum politisch gewünschten Ergebnis, zum deutlichen Rückgang der Neuinstallationen.

Weitere Novellierungen des EEG in den Jahren 2014 und 2017 folgten, die den Ausbau der Kapazitäten bei der Photovoltaik begrenzen sollten. Im Jahr 2017 wurde im EEG dann eine deutschlandweite Obergrenze für die staatliche Förderung von 52 Gigawatt (GW) beschlossen, was plakativ als „Solardeckel" bezeichnet wurde. Demnach sollte es keine Vergütungsansprüche mehr nach EEG geben, sobald deutschlandweit 52 Gigawatt installierter Leistung von Solaranlagen überschritten werden. Politischer Widerstand führte im Jahr 2020 schließlich wieder zur Abschaffung des Solardeckels. Nicht zuletzt hätte das auch zu Konflikten mit den von der Politik selbst definierten Klimaschutzzielen aus dem Paris-Abkommen sowie dem gesetzlich geregelten Ausstieg aus der Kohleförderung geführt.

Die Novellierung des EEG und die „Zeitenwende"

Ende 2020 wurde eine weitere Novellierung des Erneuerbare-Energien-Gesetzes (EEG) beschlossen, die im Januar 2021 in Kraft trat. Allerdings schien diese neue Gesetzesgestaltung angesichts der gesteckten Ziele nicht ausreichend. Das erklärte Ziel, in Deutschland bis 2030 eine Versorgung mit 65 Prozent aus erneuerbaren Energien sicherzustellen, setzte die Messlatte sehr niedrig an, insbesondere da in Europa bereits heute rund 50 Prozent des Stroms aus erneuerbaren Energien produziert werden. Außerdem ging die Politik im Gesetz bis zum Jahr 2030 von einem angenommenen Strombedarf von konstant 580 Terawattstunden (TWh) aus. Nicht zuletzt angesichts zunehmender Elektromobilität und des neuerdings steil ansteigenden Wachstums von KI-Anwendungen im Internet wird dieser Bedarf jedoch nicht reichen.

Zusätzlich ist das EEG im Lauf der Jahre so komplex geworden, dass der bürokratische Aufwand bei bestimmten Betreibermodellen neue Investoren verunsichert und eher abgeschreckt hat. Aus Sicht des Klimaschutzes hat dies den notwendigen ambitionierten Ausbau der erneuerbaren Energien in Deutschland weiter abgebremst.

„In Deutschland werden aktuell schätzungsweise etwa 3,5 Millionen PV-Anlagen mit einer Gesamtleistung von rund 95 Gigawatt-Peak (Einheit für die Leistung von Solarzellen) betrieben.

Nach dem Regierungswechsel 2021 hat die neue Ampelkoalition aus SPD, Grünen und FDP im Regierungsprogramm festgeschrieben, dass die erneuerbaren Energien weit oben auf der Prioritätenliste stehen sollten.

Sonnenstrahlung und Windkraft sollen die größten Quellen regenerativer Energie werden.

Als Konsequenz und auch unter dem Eindruck der eingetretenen Energiekrise wurde das EEG abermals abgeändert und im Juli 2023 als „EEG 2023“ verabschiedet. Der Bau von Anlagen zur Energieproduktion aus regenerativen Energiequellen wird darin zum „öffentlichen Interesse“ erklärt, gewinnt damit juristisch an Gewicht. Die sich auf den Strompreis kostentreibend auswirkende EEG-Umlage wurde abgeschafft.

Die letzte Novelle des EEG 2024 hat weiterhin zum Ziel, die Nutzung erneuerbarer Energiequellen zu fördern und die Energiewende weiter voranzubringen.

In Deutschland werden aktuell schätzungsweise etwa 3,5 Millionen PV-Anlagen mit einer Gesamtleistung von rund 95 Gigawatt-Peak (Einheit für die Leistung von Solarzellen) betrieben. Dazu kommen rund 1500000 Speichersysteme mit einer Gesamtspeicherleistung von rund vier Gigawatt (nach Hochrechnungen des Bundesverbandes Solarwirtschaft – BSW für Ende 2022). Allein 2021 konnten mit Photovoltaik knapp 35 Millionen Tonnen klimaschädliches CO_2 vermieden werden. Der Stromanteil der PV lag hier bei rund 10 Prozent. Einem weiteren kräftigen Ausbau der Photovoltaik steht nichts mehr im Wege.

Anreize für Photovoltaik

Von der ursprünglichen Vergütung von etwas mehr als 50 Cent pro Kilowattstunde (kWh) aus dem Jahr 2000 sind nach über 20 Jahren EEG aktuell für Kleinanlagen nur noch etwa 8 bis 13 ct/kWh übrig geblieben. Auf der anderen Seite haben sich die Kosten einer PV-Anlage im gleichen Zeitraum um etwa 70 bis 80 Prozent verringert.

Eine Bundesförderung für Balkonkraftwerke gibt es – Stand September 2024 – nicht. Die Länder Berlin, Mecklenburg-Vorpommern und Sachsen bezuschussen Balkonsolaranlagen, ebenso viele Städte. Eine Anfrage bei Ihrer Kommune kann sich also lohnen.

Auch bei einer geringeren staatlichen Förderung ist die Photovoltaik nicht weniger interessant geworden – im Gegenteil: Steigende Strompreise einerseits und Möglichkeiten der Eigenverbrauchsoptimierung bei PV-Anlagen andererseits führen zu vielfältig einsetzbaren und wirtschaftlichen Betriebssystemen.

Die Entwicklung effizienter und auf den Haushalt sowie Industrieanwendungen abgestimmter Energiespeicher ermöglicht unter Einsparung von Strombezugskosten eine weitere nachhaltige sowie wirtschaftliche Nutzung beim Bau neuer PV-Anlagen. PV-Anlagen sparen nicht nur Strombezugskosten ein, sondern können zur allgemeinen Energiekosteneinsparung beitragen.

Zur breiten Markteinführung sowie als Kaufanreiz für Stromspeicher wurde von der Bundesregierung ähnlich wie bei der Photovoltaik ein Förderprogramm geschaffen. Ein wesentliches Ziel der Förderprogramme war es, die Investition in dezentrale Batteriespeichersysteme anzureizen und somit zur Kostensenkung und weiteren technologischen Entwicklung der Systeme beizutragen. Die Förderung bot durch zinsgünstige Kredite und Tilgungszuschüsse einen finanziellen Anreiz für PV-Anlagenbetreiberinnen und -betreiber, da die Wirtschaftlichkeit von PV-Speichern zumindest in der Anfangszeit ohne Unterstützung häufig noch nicht gegeben war.

Nach Auslaufen der zeitlich befristeten bundesweiten Förderungen sind aktuell nur noch in wenigen Bundesländern entsprechende Programme verfügbar. Dennoch rechnet sich ein Stromspeicher bei Dachanlagen auch ohne Förderung, wenn man diesen effektiv plant und einsetzt.

Aber auch ganz ohne Speicher bietet die Photovoltaik – insbesondere bei den günstigen Stecker-Solaranlagen – eine sinnvolle und wirtschaftliche Entlastung des Eigenstromverbrauchs. Dies wird auch zukünftig so sein. Die heutzutage häufig gestellte Frage vieler Interessenten „Rentiert sich Photovoltaik eigentlich (noch)?“ kann daher, wie wir für die Balkonkraftwerke im Jahr 2024 noch zeigen, eindeutig mit Ja beantwortet werden.

“ Auch ganz ohne Speicher bietet die Photovoltaik – insbesondere bei den günstigen Stecker-Solaranlagen – eine sinnvolle und wirtschaftliche Entlastung des Eigenstromverbrauchs.

Soll das aktuelle Ziel der Politik, den CO_2-Ausstoß im Vergleich zu 1990 bis 2030 um mindestens 65 Prozent zu verringern, erreicht werden, wird es zwangsläufig erforderlich werden, den Anteil erneuerbarer Energien deutlich zu erhöhen. Gleiches gilt auch für die Reduzierung der Kosten der Energieversorgung. Photovoltaik bietet eine attraktive Möglichkeit, sich an der regenerativen, umweltschonenden Stromerzeugung zu beteiligen und von Energiekosteneinsparungseffekten zu profitieren.

So funktioniert Photovoltaik

Licht liefert Energie. Pflanzen kennen den Trick schon seit Millionen von Jahren. Sie betreiben Photosynthese, nutzen die Sonne als Energiequelle für das eigene Wachstum.

Die Menschheit kann aus Sonnenlicht Energie gewinnen, indem sie sich den photovoltaischen Effekt zunutze macht. Durch den Lichteinfall wird dabei zwischen zwei Elektroden eine elektrische Potenzialdifferenz erzeugt. Licht wird also direkt in elektrische Energie umgewandelt, die man technisch nutzen kann.

Die Sonne ist ein riesiger, unerschöpflich funktionierender Fusionsreaktor, der gewaltige Strahlungsmengen freisetzt. Trotz der mittleren Entfernung von 150 Millionen Kilometern bekommt die Erde mit dem einfallenden Sonnenlicht eine Energiemenge ab, die etwa dem Sieben- bis Achttausendfachen des weltweiten Primärenergiebedarfs entspricht.

Die Grafik auf Seite 22 oben veranschaulicht das Verhältnis der jährlichen Sonneneinstrahlung (gelber Würfel) zum kleinen weißen Würfelchen des Weltenergieverbrauchs und gegenüber den kleineren Würfeln – rot, grau, grün und schwarz – der Reserven an fossilen Energiestoffen. Bedacht werden muss, dass der große Würfel das weitgehend konstante jährliche solare Energieangebot darstellt, wogegen sich die kleineren Würfel der fossilen Energieträger von Jahr zu Jahr verkleinern – zwar langsam, aber stetig. Dagegen steigt der jährliche Energieverbrauch (weißer Würfel) zusehends an.

Solare Strahlung

Aufgrund der leicht elliptischen Umlaufbahn der Erde um die Sonne, der Neigung der Erdachse gegen die Umlaufebene und der Erdrotation schwankt die Bestrahlungsstärke auf der Erde – einmal durch den natürlichen Tagesverlauf der Sonne sowie durch deren Jahresverlauf. Zudem ist dies regional wetterabhängig, also davon, wie oft es bewölkt ist oder ein klarer Himmel vorherrscht.

Bei einer senkrecht zur Sonneneinstrahlung ausgerichteten Fläche beträgt die Einstrahlung in Deutschland außerhalb der Atmosphäre zwischen 1325 und 1420 W/m^2 (Watt pro Quadratmeter).

Die Luftschicht der Erde reduziert die Sonneneinstrahlung durch Reflexion, Absorption und Streuung, sodass bei wolkenlosem Himmel am Boden die Bestrahlungsstärke rund 1000 W/m^2 erreicht. Hierbei handelt es sich um direkte Sonneneinstrahlung.

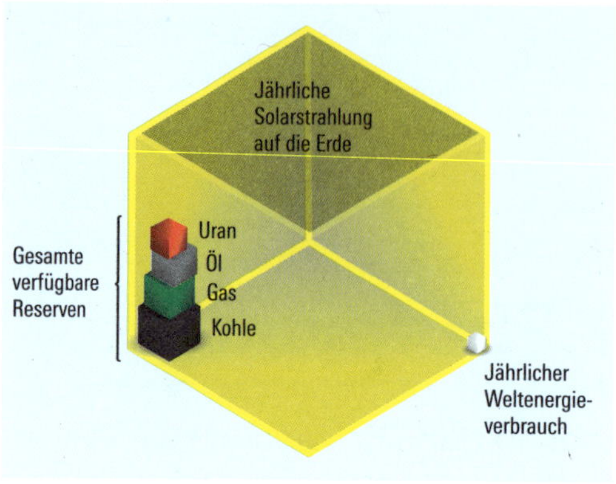

Großes Potenzial für Photovoltaik
Jährlich verfügbare Energie aus Solarstrahlung im Vergleich zu den Energiereserven fossiler Stoffe sowie dem jährlichen Weltenergieverbrauch

Bei der solaren Einstrahlung auf den Erdboden addiert sich neben der direkten Einstrahlung zusätzlich die diffuse oder reflektierte Strahlung hinzu. Diese ergibt sich zum Beispiel bei einem durchgehend bewölkten Himmel. Durch die Lichtreflexion an den Wolken können tagsüber bei wechselnder Bewölkung Spitzenwerte der Einstrahlung von bis zu 1400 W/m² erreicht werden.

Die Summe dieser Strahlungsarten nennt man Globalstrahlung. Summiert man die Leistung der Einstrahlung auf ein Jahr, so erhält man die jährliche Globalstrahlung (in Kilowattstunden pro Quadratmeter und Jahr). In Deutschland liegen die Jahressummen der Globalstrahlung im langfristigen Mittel zwischen 940 kWh/m² bis rund 1290 kWh/m². Dabei ergibt sich ein deutliches Süd-Nord-Gefälle.

Die jährliche Sonnenscheindauer liegt bei 1300 bis 1900 Stunden. Die regional unterschiedlichen Jahreseinstrahlungen lassen sich aus der Einstrahlungskarte des Deutschen Wetterdienstes recht deutlich erkennen (siehe Abbildung „Globalstrahlung in Deutschland“, Seite 24). Unter der Adresse dwd.de (Stichwort: Strahlungskarten) kön-

Die optimale Ausrichtung
In Deutschland erreicht man mit einem Winkel von 30–40 Grad zum Boden die besten Jahreserträge.

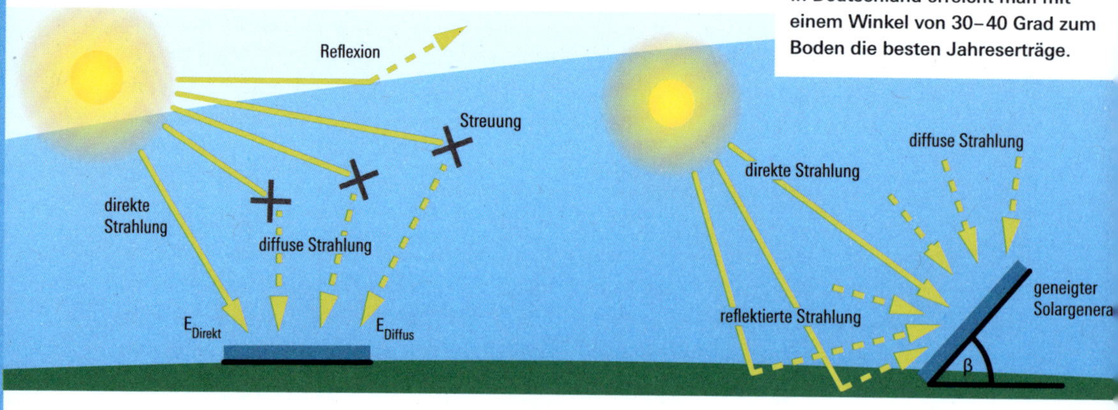

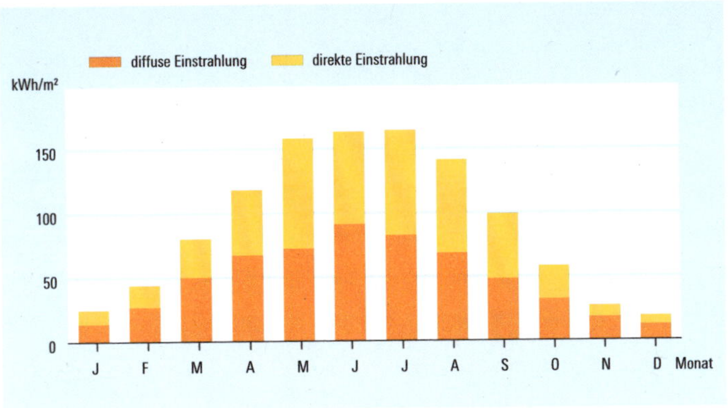

Die auftreffende Strahlungsenergie der Sonne
setzt sich aus direkter und diffuser Einstrahlung zusammen (Daten für Würzburg von Meteonorm).

nen die jeweils monatsaktuellen Karten eingesehen werden.

Die Grafik zeigt das langfristige Mittel. In den einzelnen Jahren kann die Einstrahlung vom Durchschnittswert abweichen. Die Streubreite liegt bei langfristiger Betrachtung bei plus/minus 15 Prozent. So lag zum Beispiel das Jahr 2004 mit etwa 14 Prozent deutlich über dem Mittelwert. 2013 hingegen waren die Einstrahlungswerte regional sogar bis zu etwa 18 Prozent niedriger. In den Jahren seit 2018 ist das Wetter durch extrem heiße Sommermonate geprägt – mit entsprechend gestiegener solarer Einstrahlung.

Die bisherigen Strahlungsbetrachtungen beziehen sich auf eine ebene Fläche auf dem Boden. Durch eine Direkteinstrahlung auf eine geneigte, zur Sonne ausgerichtete Fläche – zum Beispiel ein Dach mit Südneigung – ergeben sich höhere Einstrahlungswerte. Dabei addieren sich neben der direkten und diffusen Bestrahlung noch mögliche reflektierte Strahlungen vom Erdboden. In Norddeutschland wirken sich wegen des dort „niedrigeren" Sonnenstandes steilere Dächer günstiger aus als im süddeutschen Raum. Das Optimum einer starren Dachneigung liegt vom Süden Deutschlands nach Norden hin zwischen 30 Grad und 40 Grad.

Abweichende Dachneigungen sowie Ausrichtungen verringern auf natürliche Weise die solare Einstrahlung – bisweilen sehr deutlich, was sich prozentual über Grafiken für verschiedene Standorte visualisieren lässt (siehe auch den Abschnitt „Flächenverbrauch" für Photovoltaikanlagen", Seite 34).

Durch technische Einrichtungen lässt sich die Einstrahlung auf eine bestimmte Fläche sogar weiter erhöhen. Bei Freiland-Photovoltaikanlagen gibt es mancherorts sogenannte „Nachführanlagen". Hier werden die Modulflächen auf Montagesystemen betrieben, die dem Sonnenverlauf automatisch folgen, sowohl vertikal als auch horizontal. Damit erfolgt eine optimale Ausnutzung der täglichen Sonneneinstrahlung über den gesamten Tagesverlauf, deren Einstrahlungswerte gegenüber einer „starren" Südausrichtung bei bis zu 40 Prozent höher liegen können. Bei den norma-

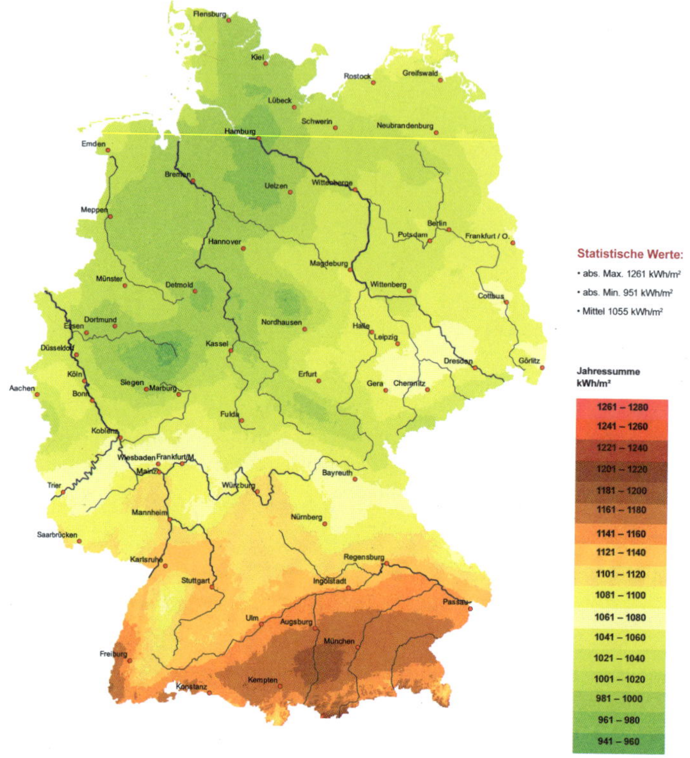

Globalstrahlung in Deutschland
Jährliche Sonneneinstrahlung in Deutschland im langfristigen Mittel der Jahre 1981–2010

len Balkonkraftwerken fällt diese Option in der Regel aus, da sie fast immer starr montiert werden.

Vom Quarzsand zum fertigen Modul

Bei Photovoltaikmodulen unterscheidet man im Wesentlichen zwei Herstellungstechniken, und zwar solche mit Siliziumscheiben und solche mit einem beschichteten Trägermaterial, sogenannte Dünnschichtmodule.

Es gibt weitere Zelltechnologien in der Photovoltaik, die aber nur selten zur Anwendung kommen. Hierzu gehören Folienlaminate bis hin zu organischen Zelltechnologien zur integrierten Gebäudeanwendung.

Module mit Siliziumscheiben erkennt man an den einzelnen scheibenförmigen, meist quadratischen Zellen.

Dünnschichtmodule bestehen aus einer in den meisten Fällen homogenen Fläche. Hier werden unterschiedliche Halbleitermaterialien wie amorphes Silizium, Kadmium-Tellurit oder Kupfer-Indium-Selenid auf ein Trägermaterial (zumeist Glasscheibe) in unterschiedlichen Schichten aufgedampft und mit Lasertechnik kontaktiert. In früheren Zeiten sind Dünnschichtmodule gerade bei Großanlagen vermehrt zur Anwendung gekommen.

Es gibt auch Kombinationen von Siliziumscheiben und Dünnschichttechniken, die man „bifaziale“ Module nennt. Dabei besteht auch die rückseitige Modulfläche aus einem aktiven Halbleitermaterial. Solche Module eignen sich nur in Situationen, wenn auch an der Rückseite Licht einfällt, zum Beispiel bei frei aufgestellten Modulen (siehe Seite 55).

Auf dem Markt durchgesetzt hat sich mittlerweile die Zelltechnologie aus Siliziumscheiben, der frühere Preisvorteil von Dünnschichttechniken hingegen ging weitgehend verloren. Zudem hat sich der Zellwirkungsgrad kristalliner Module deutlicher weiterentwickelt als bei der Dünnschichttechnik.

Silizium als Rohstoff

In der Natur ist Silizium das zweithäufigste Element überhaupt, allerdings kommt es nicht elementar rein vor, sondern in natürlichen Verbindungen, zum Beispiel als Silikat in Form von Sand oder Quarz.

Diese natürlich vorkommenden Stoffe sind für die Photovoltaik aber so nicht nutzbar. Sie müssen in aufwendigen Prozessen gereinigt werden, bis man schließlich reinstes Silizium zur Weiterverarbeitung erhält. Dieses Reinstsilizium ist deshalb erforderlich, um den später im Inneren der Modulzelle stattfindenden Stromfluss nicht durch Fremdstoffe zu behindern oder sogar unmöglich zu machen, wie wir bei der späteren Beschreibung des Zellaufbaus noch sehen werden (siehe ab Seite 28).

Im ersten Schritt wird beim Reinigungsprozess durch.die Reduktion von Sauerstoff Rohsilizium hergestellt, da der Sauerstoff sich später bei der Zellfunktion störend auswirken würde. Ausgangsmaterialien sind dabei faustgroße Quarzkiesel oder -bruchstücke, die mit Kohlenstoff gemischt werden. Bei 2000 Grad Celsius wird dieses Gemisch elektrothermisch erhitzt, wobei der Sauerstoff entweicht. Das entstandene Rohsilizium, ein graues Pulver, hat einen Reinheitsgrad von 98 bis 99 Prozent, enthält jedoch nach wie vor Fremdbestandteile wie Eisen, Aluminium, Kalzium, Titan und Kohlenstoff. Um Reinstsilizium von 99,9-prozentiger Reinheit zu gewinnen, müssen verschiedene weitere Reinigungsprozesse folgen. Dabei wird das Rohsilizium erst verflüssigt und später durch Erhitzen wieder in eine feste Konsistenz gebracht.

Das gewonnene Reinstsilizium wird nun – so verwunderlich das klingt – wieder verunreinigt, und zwar mit dem Element Bor. Das hat folgenden Grund: Silizium hat in seinem Atomaufbau neben seinem Atomkern 14 Elektronen in drei definierten Energiezuständen („Schalen“ um den Atomkern). Die Atome gehen über die vier „äußeren“ Elektronen chemische Verbindungen mit anderen Siliziumatomen oder anderen chemischen Elementen ein.

Bor hat fünf Elektronen, von denen nur die drei Elektronen der äußeren „Schale“ für die Ausbildung chemischer Bindungen zur Verfügung stehen. Wenn man sich nun vorstellt, wie sich Silizium- und Boratome in einem atomaren Gitter miteinander verbinden, dann verbleiben im Verbund „Elektro-

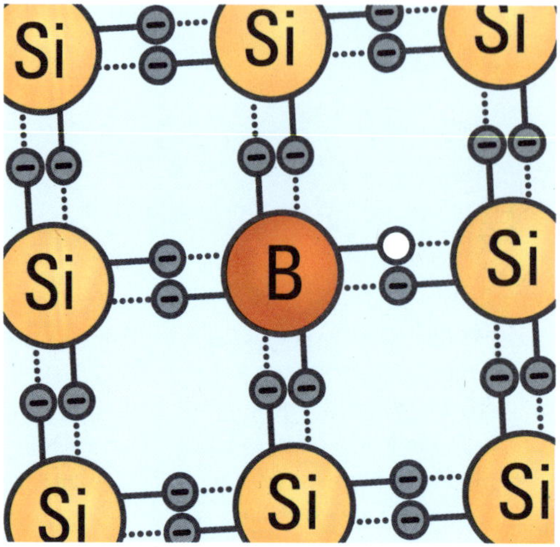

Verunreinigung im Siliziumgitter
Elektronenlücken an den Boratomen dienen der Durchleitung der Elektronen.

nenlücken", weil die Anzahl der reaktiven Elektronen zum Verbinden (Silizium 4 – Bor 3) ja nicht aufgeht. Dementsprechend wird das Silizium damit automatisch „positiv dotiert" (p-Schicht). Es gibt im Silizium-Bor-Kristallgitter zu wenige Elektronen, also viele Fehlstellen. Die Fehlstellen werden auch „Löcher" oder „Elektronenlöcher" genannt. Wie man an dem Atommodell erkennt, ergeben sich freie Stellen, die durch „springende" Elektronen aufgefüllt werden können. Dies ist für die spätere Funktionsweise wichtig.

Das so hergestellte Silizium wird nun in der Regel über zwei unterschiedliche Verfahren zu Solarrohzellen verarbeitet. Dabei unterscheidet man im Ergebnis poly- beziehungsweise multikristallines und monokristallines Silizium. Der Unterschied dieser Siliziumformen liegt in der unterschiedlichen Herstellungsweise.

Polykristallines Silizium wird nach der Schmelze in quadratische Blöcke (Ingots) gegossen, worauf beim Auskühlen das Silizium auskristallisiert und eine Vielzahl von Kristallstrukturen bildet; hiervon leitet sich auch der Name ab: „poly" = viel (also von der griechischen Vorsilbe übernommen). Die Kristalle im Block können wenige Millimeter, aber auch einige Zentimeter groß sein, sind aber sehr fest miteinander verbunden. Aus dem erkalteten und formstabilen Block werden zuerst Zylinder und aus diesen wiederum hauchdünne runde Scheiben (Wafer) geschnitten, die zu Solarzellen weiterverarbeitet werden.

Die Dicke der entstehenden Scheiben lag in der Anfangszeit der Solarzellenherstellung bei etwa 0,4 Millimetern und wurde mit der Zeit stetig reduziert, um die Ausbeute, also die Anzahl der Wafer pro Kilogramm Silizium, zu erhöhen. Seit einiger Zeit beträgt die typische Waferdicke etwa 0,18 Millimeter. Zum Vergleich: Ein menschliches Haar hat eine Dicke von 0,05 bis 0,08 Millimetern. Eine weitere Erhöhung der Ausbeute ist durch eine Verringerung der Sägeverluste (Sägestaub) möglich. Neben der Steigerung des Zellwirkungsgrads trägt dies auch zu einem Rückgang des Siliziumbedarfs pro Watt Spitzenleistung und somit zu einer Kostenreduzierung bei.

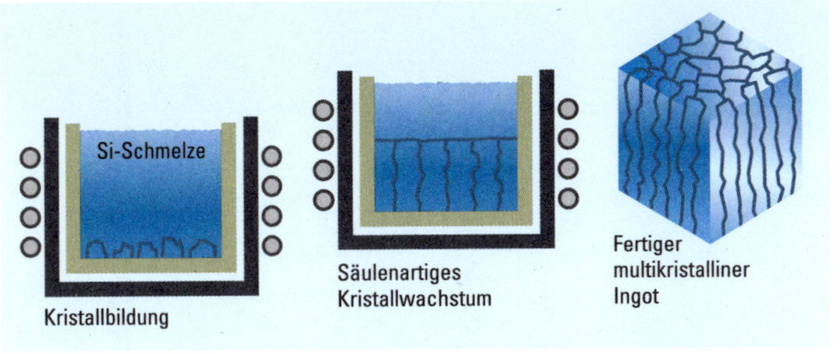

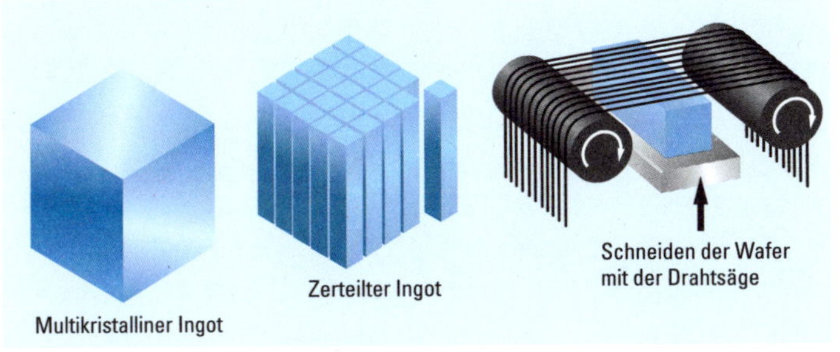

Herstellung von polykristallinen Zellen
Die Herstellung der Wafer ist technisch aufwendig und erfolgt unter Reinraumbedingungen.

Obwohl eine Schmelze unter hohen Temperaturen nötig ist, um polykristallines Silizium herzustellen, wird weniger Energie benötigt als bei der Herstellung von monokristallinem Silizium. Dadurch sind die Fertigungsverfahren kostengünstiger, und die entstehenden polykristallinen Solarzellen waren in der Praxis zumindest in der Vergangenheit weit verbreitet.

Bei monokristallinen Zellen ergibt sich optisch eine homogene Zellstruktur; das heißt, die Zelle wurde aus einem Einkristall hergestellt. Dabei wird das Reinstsilizium erneut geschmolzen. Im Allgemeinen wird die Schmelze mit einem Impf- oder Keimkristall, der sich an einem drehbaren Stab befindet, in Berührung gebracht und langsam unter Drehung wieder von ihr weg-/hochgezogen (Czochralsky-Verfahren). Man kann sich das grob wie beim Kerzenziehen mit flüssigem Wachs vorstellen. Hierdurch entsteht ein säulenförmiger Einkristall (Ingot) mit einem Durchmesser von 200 bis 300 Millimetern, einer Länge von rund zwei bis drei Metern und einem Gewicht von etwa 100 Kilogramm.

Aus diesem Einkristall werden dann ebenfalls hauchdünne Scheiben geschnitten. Im Gegensatz zu den quadratischen polykristallinen Zellen entstehen runde Scheiben. Früher wurden diese als Grundlage für den Modulbau verwendet. Um diese platzoptimiert in einem Modul unterzubringen und dessen Effizienz zu steigern, werden an vier Seiten der Scheiben die Kreissegmente abgeschnitten. Dadurch verbleiben meist nur noch kleine runde Ecken an den Wafern, wodurch sich im späteren Zellverbund der

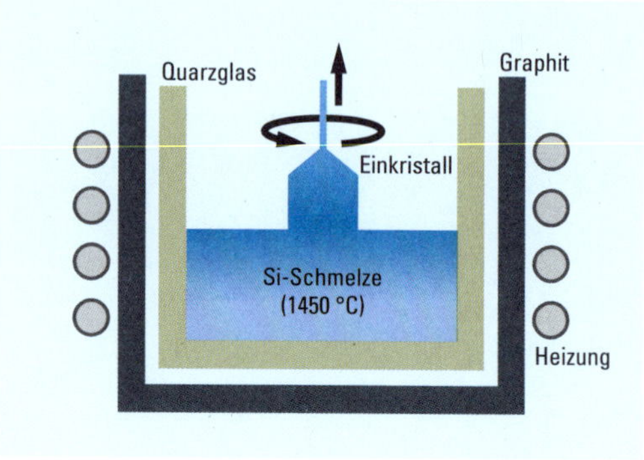

Herstellung von monokristallinen Zellen
Aus der extrem heißen Siliziumschmelze wird allmählich der Einkristall gezogen.

Module dort die typische Rautenstruktur an den Eckbereichen der aneinandergefügten Zellen zeigt. Der Schnittabfall wird wiederverwendet.

Neben dem Unterschied bei der Herstellung (poly-)multikristalliner und monokristalliner Zellen ergeben sich bei monokristallinen Zellen höhere Wirkungsgrade. Dies ist auch ein Grund, weshalb die monokristallinen Zellen aufgrund der sich entwickelnden höheren Zellwirkungsgrade die polykristallinen Zellen trotz der höheren Herstellungskosten vom Markt nahezu vollständig verdrängt haben.

Funktion einer Solarzelle

Das Funktionsprinzip der Photovoltaik respektive der Solarzellen soll am Beispiel einer Silizium-Solarzelle beschrieben werden. Mit der zuvor beschriebenen Rohzelle allein (siehe ab Seite 25) lässt sich noch kein Strom produzieren. Sie dient aber als wichtiges Grundgerüst für die spätere Funktion als Stromerzeuger.

Silizium ist ein Halbleiter. Die Besonderheit von Halbleitern ist, dass durch zugeführte Energie (zum Beispiel in Form von Licht oder elektromagnetischer Strahlung) freie Ladungsträger (Elektronen) in ihnen erzeugt werden können. Hierzu muss die „Rohzelle“ zunächst weiter bearbeitet werden, damit sich später darin Elektronen bewegen und fließen können, die die Grundlage eines elektrischen Stromflusses bilden.

Zuerst wird die Zelloberfläche in ihrer Struktur verändert, damit diese das Licht weniger reflektiert und somit mehr Licht in die Zelle eindringen kann. Man nennt diesen Vorgang „Texturierung“.

Bislang liegen im Silizium lediglich die sogenannten Elektronenlöcher vor, also Fehlstellen von Elektronen aufgrund der Vermischung des Siliziums mit Bor (siehe Seite 26). Dementsprechend lässt sich die Zelle als „positiv“ bezeichnen.

Für einen Stromfluss muss es neben der „positiven“ Seite auch immer eine „negative“ geben – Strom fließt nur, wenn Elektronen fließen; wir benötigen neben der elektronenarmen Siliziumzelle also noch einen Elektronenspender. Hierzu wird die obere Siliziumschicht mit einem Material durchsetzt, das chemisch mehr reaktive Elektronen enthält als Silizium und somit als Elektronenspender dient, zum Beispiel Phosphor. Phosphor beherbergt in seiner äußersten Elektronenhülle fünf Elektronen. Damit wird die Siliziumscheibe auf einer Seite negativ dotiert (n-Schicht mit Elektronenüberschuss).

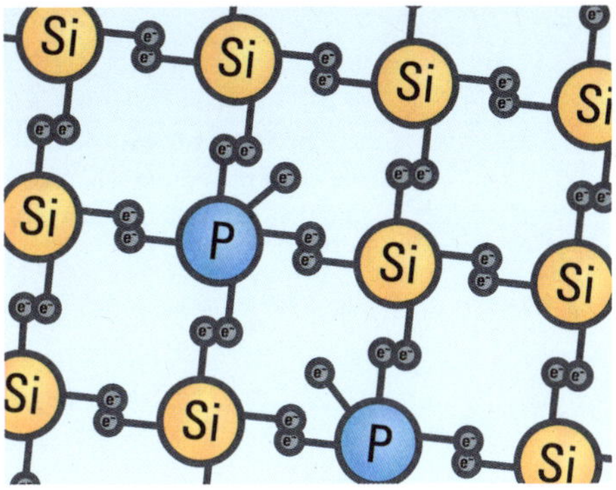

Elektronenüberschuss durch Dotierung mit Phosphoratomen
Ungebundene freie Elektronen im Phosphoratom wandern zu den Fehlstellen der Boratome.

Fertige Solarzellen
Die kristallinen Solarzellen werden noch zu verschieden großen Panels zusammengesetzt.

Wie man am Atommodell erkennt, ergeben sich nicht gebundene, „freie" Elektronen, die sich ebenfalls frei im Raum bewegen können. Was es damit auf sich hat, sehen wir etwas später. Zunächst wird die Zelle in weiteren Schritten bearbeitet.

Damit die Lichteinwirkung sowie der Elektronenfluss besser funktionieren, wird die Zelle zum einen mit einer Antireflexschicht versehen (dies verleiht ihr meist ihr dunkles, blaues Aussehen). Danach erhält die Zelle eine Kontaktierung sowohl auf ihrer Rück- wie auch auf der Vorderseite, vorderseitig mittels feiner Leiter aus Silberpaste (Grid – aus dem Englischen für „Gitter") und Stromleiterbändchen (Busbars).

Wie funktioniert die Solarzelle?

Im Grenzbereich der beiden zuvor beschriebenen Schichten, in der sogenannten Raumladungszone zwischen oberer (negativer) und unterer (positiver) Schicht, binden sich die freien überschüssigen Elektronen der Elektronenspender (aus dem Phosphor) locker an die freien Fehlstellen aus der unteren Schicht. Man kann es vereinfacht auch als einen „schwebenden Zustand" betrachten. Die Elektronen besetzen die Fehlstellen im sogenannten Valenzband und bilden elektrisch eine neutrale Zone, den „p-n-Übergang".

Da nun oben Elektronenüberschuss und unten Elektronenfehlstellen herrschen, bildet sich zwischen der oberen und unteren Kontaktfläche ein ständig vorhandenes elektrisches Feld, da die Elektronen und Fehlstellen einen natürlichen Ausgleich suchen.

Trifft Licht auf die Solarzelle, schlagen die Lichtteilchen mit ihrer Energie dabei die Elektronen aus ihren Bindungen heraus, die dann als frei bewegliche Teilchen in der Zelle verfügbar sind. Damit werden die Elektronen in das Leitungsband gehoben, wo sie frei verfügbar sind.

Viele dieser freien Ladungsträger (Elektronenlochpaare) verschwinden nach kurzer Zeit durch Rekombination wieder, das heißt die freien Elektronen fallen wieder in die Elektronenlöcher, wenn etwa die Photo-

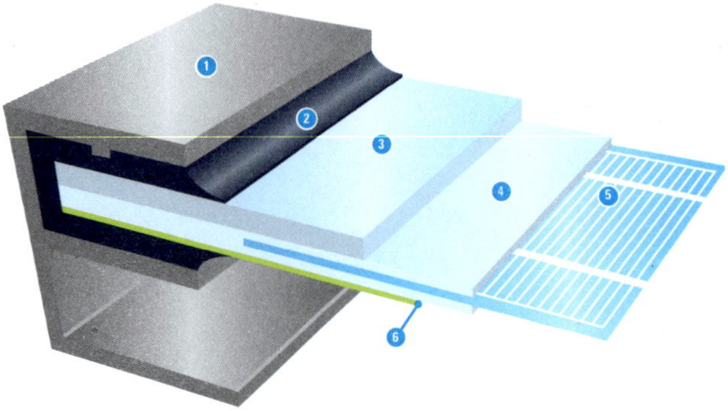

Schnittzeichnung durch ein kristallines Modul
Hier sieht man gut die Einbettung der Solarzellen in das fertige Panel.

nenenergie nicht stark genug ist. Einige Ladungsträger driften jedoch zu den feinen Kontakten (Frontkontakten) an der Oberseite der Zelle, das heißt, die Elektronen werden von den Löchern getrennt und driften nach oben, die Löcher hingegen nach unten. Somit entsteht elektrische Spannung, solange weitere Photonen aus dem Lichteinfall ständig freie Ladungsträger erzeugen. Die hierbei messbare elektrische Spannung liegt bei einer Solarzelle bei 0,5 bis 0,7 Volt.

Schaltet man nun einen Verbraucher dazwischen, zum Beispiel eine kleine Lampe, fließen die Elektronen durch den „äußeren Stromkreis“ über diesen Verbraucher zur unteren Kontaktfläche der Zelle und rekombinieren dort mit den zurückgelassenen Löchern. Der weitere Lichteinfall führt zur Aufrechterhaltung des Elektronenkreislaufes und somit zur Erzeugung elektrischer Energie (= Stromfluss).

Modulfertigung

Da die Spannung (0,5 bis 0,7 Volt) sowie Leistung (4 bis 5 Watt) einer einzelnen Zelle zu gering wären, einen technischen Nutzen bei der Stromerzeugung zu ermöglichen, müssen mehrere Zellen miteinander verschaltet werden, damit sich zum einen die Spannung, zum anderen die Leistung erhöhen. Ein Aneinanderreihen der Solarzellen bewirkt dabei eine Leistungserhöhung.

Für den praktischen Einsatz der Solarzellen können die hauchdünnen Zellen natürlich nicht lose gehandhabt werden, da sie nach kürzester Zeit zerbrächen. Überdies müssen die Zellen und deren elektrische Verbindungen sowohl gegen äußere Einflüsse (Witterung, mechanische Belastung) als auch aufgrund ihrer elektrischen Eigenschaft (Stromschlag) geschützt werden. Dies geschieht in Form eines Moduls.

Hierzu wird auf einer Glasscheibe zuerst eine hochtransparente Schutzfolie (EVA, Ethylenvinylacetat) ausgelegt. Auf diese werden dann die Zellen in einzelnen Reihen nebeneinander angeordnet, mit Leiterbändchen verbunden und an deren Enden miteinander verschaltet. Bei der Modulherstellung wurden die Zellen früher einzeln per Hand verlötet, heute übernehmen vollautomatische Industrieroboter diese Aufgabe.

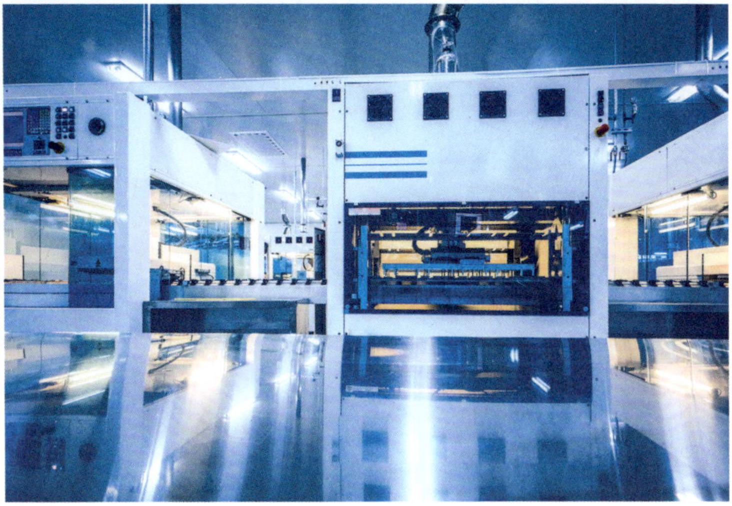

Vollautomatische Produktion
Die Serienfertigung von Solarmodulen erfolgt in teilweise oder weitgehend automatisierten Produktionsanlagen, auch mithilfe von Robotern.

Die Leiterbändchen werden in der Regel am Modulrand zu einem zentralen Bereich geführt, an dem später die Anschlussdose angebracht wird. Auf die aufgebrachten Zellen kommt eine weitere Lage der transparenten Schutzfolie und danach eine stabilere, meist weiße (manchmal auch schwarze) Folie (aus Tedlar), die das Modul später rückseitig schützen soll. Dieser Glas-Zellen-Folienverbund wird mittels eines thermischen Verfahrens laminiert, sodass eine relativ feste Modulplatte entsteht. Es gibt auch Module, bei denen sich auf der Rückseite ebenfalls eine Glasscheibe befindet (Glas-Glas-Laminate). Der Vorteil hier: eine höhere Belastungsmöglichkeit. Schließlich wird an der Rückseite die Modulanschlussdose mit den beiden Anschlussleitungen (Plus/Minus) aufgeklebt, und das Modul erhält in der Regel einen Aluminiumrahmen, was ihm abermals höhere Stabilität verleiht.

Ein solches gefertigtes Modul mit beispielsweise 60 Zellen und den Standardabmessungen von etwa 1,68 mal 1,00 Meter hat heutzutage eine Leistung von 320 bis 340 Watt und eine Leerlaufspannung (Spannung, die an einem nicht angeschlossenen Modul ansteht) von etwa 40 Volt. Je nach Format und Zellanzahl können sich abweichende Modulmaße und -leistungen ergeben. Tendenziell geht die Entwicklung mittlerweile zu größeren Formaten mit rund 2,00 mal 1,00 Metern mit platzsparenden Halbzellen und einer Leistung von rund 430 bis 500 Watt (Gleichstrom).

Die Nennleistung eines Moduls wird dabei mit Toleranzen angegeben. Waren früher Toleranzen von bis zu +/– 10 Prozent möglich, werden durch moderne Fertigung sowie Zellvorsortierung heutzutage überwiegend plussortierte Module gefertigt.

Solarstrom und Umweltbilanz

Ein Balkonkraftwerk wird geliefert, an die Balkonbrüstung geschraubt und liefert sauberen Strom. Alles prima? So einfach ist eine ehrliche Umweltbilanz nicht, wie wir sehen werden.

Wenn man mit der Sonne als kostenlos zur Verfügung stehendem Energiespender Strom erzeugen kann, läge es zunächst auf der Hand, zu vermuten, Solar- oder Photovoltaikanlagen seien in ihrer Umweltbilanz mindestens neutral zu bewerten. Ganz so einfach ist es allerdings nicht: Bei der Beurteilung der Umweltwirkung müssen einige Punkte unterschieden werden, denn bekanntlich ist längst nicht alles Gold, was glänzt. Der Betrieb einer Photovoltaikanlage kann ökologisch nicht allein für sich bewertet werden, sondern es bedarf immer der Betrachtung eines Vorher und eines Nachher.

Grundsätzlich ist anerkannt, dass Strom aus Sonnenenergie weitaus geringere Umweltschäden verursacht als die Energieerzeugung aus fossilen Energieträgern und aus der Kernkraft. Somit werden die externen Kosten der Energieerzeugung gesenkt. Darunter fallen zum Beispiel die Kosten für die Beseitigung von Umweltschäden oder für gegebenenfalls erforderliche Rekultivierungsmaßnahmen sowie für Endlager, in denen etwa der radioaktive Abfall aus Kernkraftwerken langfristig sicher aufbewahrt werden kann.

→ Wie berechnen sich die Stromgestehungskosten?

Zur Berechnung der Stromgestehungskosten werden alle über die Laufzeit einer Stromerzeugungsanlage anfallenden Kosten zusammengezählt. Und zwar von Rohstoffgewinnung über Produktion, Betrieb bis zur Entsorgung. Die Summe wird dann durch den zu erwartenden Stromertrag während der gesamten Betriebszeit dividiert.

Emissionserzeugung (CO_2)

Die Kosten für Klimawandelfolgeschäden werden aktuell auf 80 Euro je Tonne freigesetztes CO_2 veranschlagt. Noch im Jahr 2011 betrugen die Kosten der Vermeidung von CO_2-Emissionen durch Photovoltaik 320 Euro je Tonne CO_2 und lagen damit höher als bei anderen erneuerbaren Energiequellen.

Durch die starke Kostensenkung innerhalb der Photovoltaik sind die CO_2-Vermeidungskosten einer Hausdachanlage in Deutschland jedoch auf etwa 17 bis 70 Euro je Tonne CO_2 gefallen, womit die Solar-

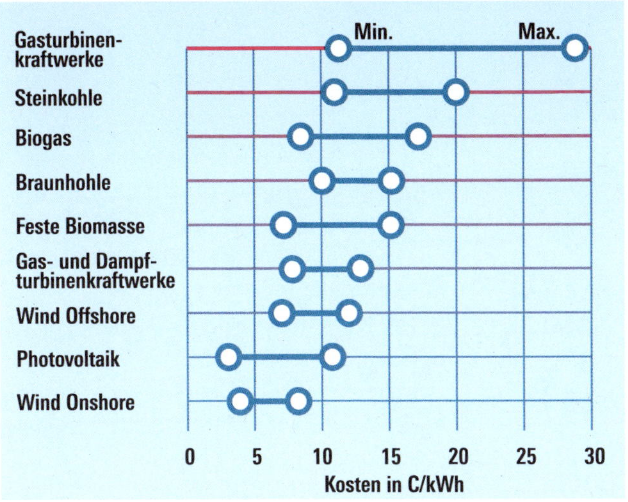

Erneuerbare Energie oft günstiger als konventionelle

Stromgestehungskosten für erneuerbare Energien und konventionelle Kraftwerke in Deutschland 2021 (in Cent/kWh)

stromerzeugung günstiger ist als die 80 Euro je Tonne CO_2 für Klimawandelfolgeschäden.

In sonnenreicheren Gegenden der Welt werden sogar Vorteile von bis zu 380 Euro je Tonne vermiedener CO_2-Emissionen erzielt. Wie viel CO_2-Emissionen durch Photovoltaik tatsächlich vermieden werden, hängt auch von der Koordination des Erneuerbare-Energien-Gesetzes mit dem EU-Emissionshandel ab; außerdem von der für die Herstellung der Module verwendeten Energieform.

Produktionsphase

Für die Herstellung von Solarzellen wird, wie wir gelernt haben, Reinstsilizium benötigt. Dessen Herstellung erfolgt unter hohen Temperaturen und entsprechendem Energieaufwand. Die weiteren Produktionsschritte erfolgen wie in der typischen Halbleiterherstellung auf Basis chemischer und energieintensiver Schritte mit anfallenden Nebenstoffen. Für ein Kilogramm Reinstsilizium entstehen ab der Rohstoffgewinnung bis zu 19 Kilogramm Nebenstoffe. Da Reinstsilizium meist von Zulieferfirmen produziert wird, ist die Auswahl der Lieferfirmen unter Umweltaspekten entscheidend für die Umweltbilanz eines PV-Moduls.

Betriebsphase

Durch die absolute Emissionsfreiheit im Betrieb weist die Photovoltaik sehr niedrige externe Kosten auf, also die Kosten, die neben den reinen Stromgestehungskosten unter Berücksichtigung von Umwelteinflüssen und Aufwendungen für Umwelt-, Klima- und Gesundheitsschäden anfallen.

Der PV-Betrieb gilt als CO_2-emissionsfrei. Dennoch lassen sich Photovoltaikanlagen derzeit nicht CO_2-frei herstellen, transportieren und montieren. Die rechnerischen CO_2-Emissionen von Photovoltaikanlagen betragen nach einer Studie (Francesco Asdrubali et al., 2015) etwa 29 g CO_2/kWh. Verursacht werden diese Emissionen durch Verbrennung fossiler Energien insbesondere während der Fertigung von Solaranlagen.

Zum Vergleich:

- Bei Kohlekraftwerken liegt die Emission zwischen 750 und 1200 g CO_2/kWh,
- bei Gaskraftwerken zwischen 400 und 550 g CO_2/kWh,
- bei Windenergie und Wasserkraft zwischen 10 und 40 g CO_2/kWh,
- bei der Kernenergie zwischen 10 und 30 g CO_2/kWh (ohne Endlagerung) und
- bei Solarthermie in Afrika zwischen 10 und 14 g CO_2/kWh.

Mit dem weiteren Ausbau der erneuerbaren Energien im Zuge des weltweiten Ziels zu nachhaltigen Energieformen wird sich die Treibhausgasbilanz bei der PV-Herstellung sicher automatisch weiter verbessern.

Die energetische Amortisationszeit ist der Zeitraum, in dem die Photovoltaikanlage die gleiche Energiemenge geliefert hat, die während ihres gesamten Lebenszyklus benötigt wird; für Herstellung, Transport, Errichtung, Betrieb, Rückbau und Recycling.

Um den für die Produktion notwendigen Energieverbrauch ins Verhältnis zur Energiegewinnung zu bringen, haben Forscher den sogenannten ESOI-Wert (Energy Stored On Invested) entwickelt. Er wird auch als Erntefaktor bezeichnet, der das Verhältnis der genutzten zur investierten Energie beschreibt.

In einer Studie für das Jahr 2011 wurden als Lebensdauer für Module auf Basis kristalliner Siliziumzellen 30 Jahre und für Dünnschichtmodule 20 bis 25 Jahre angenommen, für die Lebensdauer der Wechselrichter 15 Jahre.

Der Zeitpunkt, ab dem die Energiebilanz positiv wurde, betrug dann bei PV-Anlagen zwischen 0,75 und 3,5 Jahre, je nach Standort und verwendeter Photovoltaiktechnologie. Bei Kadmiumtellurid-Modulen lagen die Werte mit 0,75 bis 2,1 Jahren am günstigsten, während Module aus amorphem Silizium mit 1,8 bis 3,5 Jahren über dem Durchschnitt lagen. Mono- und multikristalline Systeme benötigen etwa 1,5 bis 2,7 Jahre.

Mit Verbesserung der Produktionsmethoden und höheren Wirkungsgraden bei der Nutzung der Sonnenenergie werden sich diese Zahlen weiter verkürzen.

Flächenverbrauch

Umweltbilanzen spiegeln sich auch im Flächenverbrauch wider. Für gewöhnlich ist hier der Bodenflächenverbrauch gemeint. PV-Anlagen werden oft auf bestehenden Dachflächen errichtet, was letztendlich zu keinem zusätzlichen Flächenbedarf führt. Freilandanlagen in Form von Solarparks nehmen demgegenüber zusätzliche Flächen in Anspruch, wobei häufig vorbelastete Areale wie zum Beispiel Konversionsflächen (aus ehemaliger militärischer, gewerblicher, verkehrlicher oder wohnlicher Nutzung), Flächen entlang von Autobahnen und Bahnlinien (im 500-Meter-Streifen), als Gewerbe- oder Industriegebiet ausgewiesenen oder versiegelten Flächen (ehemalige Deponien, Parkplätze ...) verwendet werden.

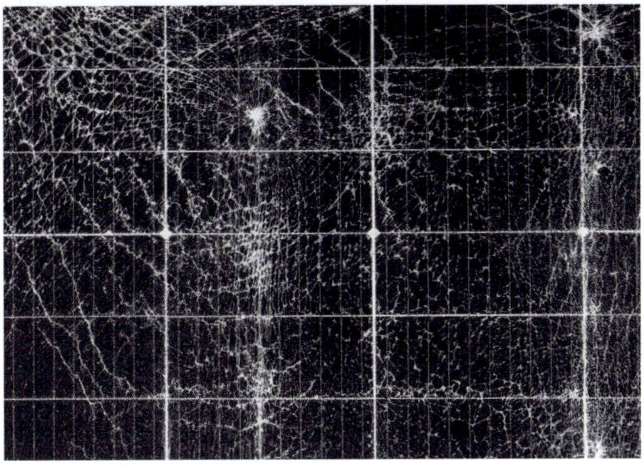

Glasbruch

Drei Panels ertrugen die simulierte Schnee- und Sturmbelastung in unserem Test nicht. Wo landen diese ausgemusterten Solarpanels?

Werden Photovoltaikanlagen auf landwirtschaftlicher Fläche errichtet, was in Deutschland derzeit nicht oder nur begrenzt entlang öffentlicher Verkehrswege gefördert wird, kann es zu einer Nutzungskonkurrenz kommen. Hierbei muss berücksichtigt werden, dass Solarparks im Vergleich zur Bioenergieerzeugung auf gleicher Fläche einen um ein Vielfaches höheren Energieertrag aufweisen. So liefern Solarparks pro Flächeneinheit etwa 25- bis 65-mal so viel Strom wie Energiepflanzen. Zudem ergeben sich bei PV-Freifeldanlagen weitere ökologische Aspekte: Die Flächen werden innerhalb der elektrischen Anlage (meist eingezäunte Freilandanlagen) weitgehend begrünt, teilweise auch unter Genehmigungsauflagen am Rand bepflanzt und mit Kleinbiotopen versehen. Eine Bodenversiegelung, wie sie ansonsten in typischer Weise von Bauwerken verursacht wird, erfolgt hier bis auf die erforderlichen Trafostationen nicht. Daher können sie gegenüber einer ansonsten konventionellen und in üblicher Weise industriell bewirtschafteten landwirtschaftlichen Fläche auf jeden Fall als ökologisch wertvolle Flächen bezeichnet werden.

Entsorgung von PV-Modulen

Ein Solarmodul besteht überwiegend aus Aluminium (Rahmen), Glas und Kunststoffen sowie den Solarzellen aus Silizium. Die Stoffe beim Recycling der Module unterteilen sich in Schadstoffe, Rohstoffe und begrenzte Rohstoffe.

Die geringsten Mengen an Schadstoffen sind in der amorphen Technologie (a-Si) zu finden. Blei ist insbesondere auch in den kristallinen Modulen (c-Si) wegen der Lötverbindungen der Solarzellen im Modul zu finden.

Das Schwermetall Kadmium (chemisches Zeichen: Cd) ist in den CdTe-Modulen vorhanden, allerdings chemisch gebunden mit dem Element Tellur (chemisch: Te). Auch die CIGS-Technologie (Cuprum-Indium-Gallium-Selen) enthält geringe Mengen Kadmium aufgrund einer Kadmiumsulfidschicht.

Den größten Gewichtsanteil bei den Modulen macht der Rohstoff Glas aus, der in allen Technologien bei den festen Panels zu finden ist, je nach Größe der Module sind das etwa 11 Kilogramm pro Quadratmeter.

Das Rahmenmetall Aluminium macht etwa ein Kilogramm pro Quadratmeter Panelfläche aus. Hinzu kommen noch die Aluminiumträger bei aufgeständerten oder an Balkonbrüstungen befestigten Modulen.

Silber ist der teuerste verbaute Rohstoff, der in der c-Si-Technologie vor allem in den Metallisierungspasten auf der Vorderseite der Solarzellen verwendet wird. Sein Gewichtsanteil liegt bei etwa 20 Gramm pro Quadratmeter.

Aus dem Metall Kupfer besteht bei allen Modultechnologien vor allem die Verkabelung, bei den CIGS-Modulen findet es sich in geringer Menge auch in der aktiven Halbleiterschicht. Als begrenzte Rohstoffe werden in CIGS-Modulen Indium, Gallium und Selen betrachtet und in der a-Si-Technologie das Element Germanium.

All diese Materialien können mit den aktuellen technischen Recyclingverfahren auf recht einfache Weise zurückgewonnen werden. Immerhin liegt die Recyclingquote bei Solarmodulen heute schon bei über 80 Prozent. Die modernsten Anlagen zur Wiederverwertung von PV-Modulen sollen sogar auf Raten von mehr als 90 Prozent kommen.

Bereits im Juli 2007 wurde das PV-Cycle-System gegründet. Die Mitglieder des PV-Cycle sind Produzenten, Importeure, Forschungsinstitute sowie Großhändler, die das Ziel verfolgen, ein freiwilliges Rücknahme- und Recyclingprogramm für Altmodule aufzubauen.

Noch fallen keine nennenswerten Mengen an ausgedienten PV-Modulen und Solarzellen an, da die Module durchaus 25 und mehr Jahre in Funktion bleiben. Eine Prognose für den PV-Abfall durch eine Studie des Instituts für Siedlungswasserbau, Wassergüte- und Abfallwirtschaft (ISWA) und des Instituts für Photovoltaik (ipv) aus dem Jahr 2012 kam auf eine weltweite Abfallmenge von 4000 Tonnen pro Jahr. Das wird sich in den kommenden Jahren aber mit Sicherheit ändern. Die Recyclingorganisation PV-Cycle hat im Jahr 2010 nur etwa 1400 Tonnen eingesammelt, im Jahr 2022 aber nach eigenen Angaben bereits 16000 Tonnen.

Zukünftiger Müll

Das steile Wachstum in der Produktion und Installation von Modulen der letzten zwei Jahrzehnte wird künftig absehbar zu entsprechenden Abfallmengen führen, die „verarbeitet" werden müssen.

Die zu erwartende Abfallmenge an PV-Modulen wird unterschiedlich prognostiziert. Man spricht davon, dass bis zum Jahr 2030 in der EU etwa 130000 Tonnen ausgedienter Module erwartet werden. Bis zum Jahr 2050 werden aber bereits mehrere Millionen Tonnen Abfall aus Altmodulen erwartet – und das nur auf den europäischen Markt bezogen.

Um die bisher zögerliche Entwicklung zu beschleunigen, wurden mit dem 24. Januar 2012 Solarmodule in eine Novellierung der Elektroschrott-Richtlinie mit aufgenommen. Darin heißt es jetzt für die Photovoltaikbranche, dass 85 Prozent aller verkauf-

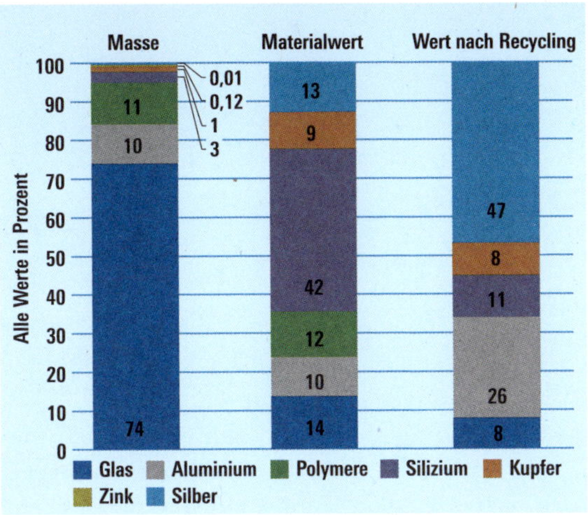

Wert der Materialien im Solarmodul

Wertanteil der Materialien im Ausgangsmaterial (Mitte) und Wertanteil nach dem Recycling (rechts)

ten Solarmodule gesammelt und zu 80 Prozent in die Wiederverwertung gebracht werden müssen. Bis 2014 waren alle 27 EU-Mitgliedsländer verpflichtet, die Verordnung in nationales Recht umzusetzen. Dadurch hat man die Hersteller in die Pflicht genommen, Strukturen für die Wiederverwertung bereitzustellen. Die Module sollen vorzugsweise getrennt von anderen Elektrogeräten verwertet werden. Bereits existierende Sammel- und Recyclingstrukturen sollen zudem ausgebaut werden.

In Deutschland erfolgt die Umsetzung der europäischen WEEE-Richtlinie (WEEE = Waste of Electrical and Electronic Equipment) zur Rücknahme der Solaranlagen zurzeit über das Elektro- und Elektronikgerätegesetz (ElektroG). Die Hersteller und Inverkehrbringer von Solarmodulen müssen sich hierzulande registrieren und dafür sorgen, dass die von ihnen verkauften Photovoltaikmodule zurückgenommen und ordnungsgemäß entsorgt werden. Das ist bei Solaranlagen nicht anders als bei Staubsaugern und Fernsehern.

Der Branchenverband BSW-Solar hat Ende Oktober 2019 ein Merkblatt zum sicheren Umgang mit PV-Altmodulen veröffentlicht, das sich an Installateure und Betreiber von PV-Anlagen richtet.

Durch die breite Palette an unterschiedlich gebauten Solarzellen und -modulen erhöht sich der Anpassungsaufwand an die jeweils eingesetzte Recyclingtechnologie. Bisher existieren großtechnische Recyclingverfahren nur für Module aus kristallinem Silizium und aus Kadmiumtellurid.

Verfahren für Module mit anderen Halbleitertechniken befinden sich erst in der Entwicklungsphase. Neben dem Verfahren der Deutsche Solar AG, bei dem die schadhaften und ausgedienten Module über thermische und chemische Prozesse entweder als Ganzes oder als Bruchstücke der Solarzellen aufbereitet werden, bietet beispielsweise die Firma First Solar für ihre Kadmiumtellurid-Module ein technisch anderes Verfahren an, bei dem die Module mechanisch zerkleinert und anschließend über weitere chemische und maschinelle Prozesse in ihre Bestandteile zerlegt, separiert und die Halbleiterrohstoffe letztlich zurückgewonnen werden. Der energieintensiv hergestellte Teil der Solarzellen (Silizium) kann bei diesem Verfahren vier- bis fünfmal wiederverwertet werden.

Ein weiterer Vorteil des Recyclings: Der Energieverbrauch für die Herstellung von Solarzellen aus Recyclingmaterialien benötigt weniger als ein Drittel der Energie, die für die Herstellung von Solarzellen aus Primärmaterialien beansprucht wird – aus ökologischer Sicht sind lediglich die verwendeten Ätzlösungen zu bemängeln, da diese teilweise toxisch und sind somit bei unsachgemäßer Handhabung eine Gefahr für die Umwelt darstellen können.

Die Einsparung an Energie und damit auch die Reduktion von Emissionen machen das Recycling umwelttechnisch gesehen sinnvoll. Somit ergibt die Energiebilanz für Herstellung beziehungsweise Recycling von PV-Modulen ganz eindeutige Vorteile für das Recycling.

Strom speichern: die Technik

Immer mehr Photovoltaikanlagen werden mit Batteriespeichern betrieben. Bei Akkus ist die Umweltbilanz im Verhältnis zur reinen Photovoltaik differenzierter zu betrachten.

Die meisten Studien entstehen hierzu in Zusammenhang mit der Elektromobilität, hauptsächlich den Elektrospeichern für E-Autos, die ein etwas anderes Anforderungsprofil haben als beim Betrieb von PV-Anlagen.

Lithium-Ionen-Akkus haben sich schon seit langer Zeit zum Branchenstandard entwickelt. Vor der größeren Markteinführung von Stromspeichern in Verbindung mit einer Solaranlage oder auch der Elektromobilität waren diese bereits in vielen elektronischen Geräten wie Smartphones und Laptops im Einsatz.

Ähnlich wie bei der Photovoltaik ergeben sich unterschiedliche Perspektiven, angefangen von der Herstellung über den Betrieb bis hin zur Entsorgung. Dabei dürfte der reine Betrieb eines Stromspeichers ökologisch kaum negative Tendenzen aufweisen, insbesondere wenn er mit regenerativem Strom betrieben wird, was in der Elektromobilität heute noch nicht zu 100 Prozent geschieht.

Problematische Lithiumgewinnung
In Südamerika geht die Produktion von Lithium sehr zulasten der Umwelt.

Ansonsten spielen hinsichtlich der Ökobilanz drei Faktoren eine wichtige Rolle:

- die Umwelteinflüsse durch Rohstoffabbau, Produktion und Transport,
- die dafür aufgewendete Energie,
- das Recycling.

Rohstoffe

Für die Herstellung von Solarstromspeichern sind spezielle Rohstoffe erforderlich, die in Deutschland fast nicht vorkommen und die teilweise auf der Welt generell selten zu finden sind.

Lithium ist ein auf der Erde zwar häufig zu findendes Leichtmetall, allerdings kommt es nur in geringen Konzentrationen vor, die den Abbau extrem teuer machen würden – von den Umweltfolgen noch ganz abgesehen. Das Lithium für die Stromspeicher wird vorrangig in Chile, Bolivien, China und Argentinien abgebaut, wo bereits die ersten Probleme entstehen.

Lithium wird dort aus der Tiefe mit dem lithiumchloridhaltigen Grundwasser an die Oberfläche gefördert und in gewaltige flache Verdunstungsteiche geleitet. Dort verdunstet das Wasser über mehrere Monate hinweg durch die Sonneneinstrahlung, sodass das Salz immer konzentrierter wird. Hat das Lithiumchlorid in den Teichen die gewünschte Konzentration erreicht, wird die Sole in eine technische Aufbereitungsanlage gepumpt, wo die unerwünschten Elemente Bor und Magnesium extrahiert und ausgefiltert werden. Anschließend wird die gereinigte Lithiumsalzlösung mit Natriumcarbonat behandelt. Das dabei entstehende unlösliche Lithiumcarbonat fällt aus, wird gefiltert und dann getrocknet. Die nicht mehr benötigte Restsole wird in das flache Salzbassin zurückgepumpt. Dennoch bleibt das Problem, dass gerade in trockenen Gebieten wie in Chile durch die Grundwasserförderung das Austrocknen der Landschaft befeuert wird.

Der Rohstoff Kobalt wird überwiegend bei der Förderung von Kupfer- und Nickelerzen gewonnen. Die Kobaltversorgung hängt also in hohem Maße direkt mit dem Kupfer- und Nickelabbau in einem bestimmten Markt zusammen. Es gibt verschiedene Methoden, um Kobalt von Kupfer und Nickel zu trennen, abhängig von der Höhe der Kobaltkonzentration und der genauen Zusammensetzung des verwendeten Erzes. Die Produktionsmethoden unterscheiden sich je nach Zusammensetzung der Ausgangserze und können in manchen Fällen sehr aufwendig sein. Kobalt kann zum Beispiel chemisch aus der Kupferschmelze ausgelaugt werden. Dabei werden ätzende Chemikalien verwendet, das Verfahren ist energieintensiv, es wird viel Wasser für die Prozesse benötigt, und übrig bleiben die entsprechenden Mengen stark belasteter Abwässer.

Kobalt kommt in wirtschaftlich interessanten Konzentrationen fast nur im Kongo vor. Bei Lagerstätten in China, Kanada und Russland muss man etwa zehnmal mehr Material verarbeiten, um dieselben Mengen an Kobalt zu produzieren. Deutsche Modulhersteller müssen die ausschließlich im Ausland geförderten Rohstoffe beziehen, was wegen der langen Transportwege die Ökobilanz für Deutschland erheblich belastet.

Über die Hälfte des heute verwendeten Kobalts stammt aus der Republik Kongo. Im Jahre 2016 wurden 84400 Tonnen Kobalt gewonnen. Für das Jahr 2030 wird eine Nachfrage von 450000 Tonnen Kobalt vorausgesagt, was einen enormen Druck auf die einzelnen Kobaltminen nach sich zieht. Die Gewinnung des Kobalts ist sehr aufwendig, da der Rohstoff immer nur vereinzelt und in kleinen Mengen zu finden ist. Da verwundert es nicht, dass insbesondere der Rohstoff Kobalt wegen der damit in Verbindung stehenden Kinderarbeit in die Kritik geraten ist. So stammten im Jahr 2016 von den 84000 Tonnen Kobalt aus dem Kongo rund 18000 Tonnen, also etwa 20 Prozent, aus illegalen Kleinbergwerken.

Die industriellen Minen liegen heute hauptsächlich in chinesischer Hand und schaffen für Einheimische nur wenige Arbeitsplätze – die Armut in der Region wächst trotz des Rohstoffreichtums. Und während die Produktion in den industriellen Minen noch gewissen Standards für den Schutz der Arbeiter unterliegt, werden die illegalen Kleinbergwerke völlig laienhaft betrieben. Die Stollen sind meist 40 bis 50 Meter tief und werden von den Arbeiterinnen und Arbeitern (darunter viele Kinder) ohne jegliche Schutzkleidung, Schutzausrüstung oder Maschinen händisch gegraben. Das sind dann schmale, enge Tunnel, die ohne Pfeiler und Wände zum Abstützen der Decken und Wände in den Boden gegraben werden. Aufgrund der Enge werden bevorzugt Kinder und kleine Erwachsene eingesetzt, um das Kobalterz zu fördern.

Nach UN-Leitprinzipien müssen alle Unternehmen, die in die Lieferkette eingebunden sind, den Prinzipien für Wirtschaft und Menschenrechte entsprechen. Sofern diese nicht beachtet oder gebrochen werden, müssen die Unternehmen den Vorgang sofort abbrechen. Die Herkunftsländer der Unternehmen verpflichten die Unternehmen, die Herkunft der Materialien sowie die Herstellung nochmals selbst zu überprüfen, um eine Menschenrechtsverletzung auszuschließen. Amnesty International hat verschiedenen Unternehmen gegenüber den Vorwurf ausgesprochen, die Konzerne profitierten von Kinderarbeit im Kongo.

In Artikel 32 (UN) des Übereinkommens sind die Rechte des Kindes klar definiert: „Die Vertragsstaaten erkennen das Recht des Kindes an, vor wirtschaftlicher Ausbeutung geschützt und nicht zu einer Arbeit herangezogen zu werden, die Gefahren mit sich bringen, die Erziehung des Kindes behindern oder die Gesundheit des Kindes oder seine körperliche, geistige, seelische, sittliche oder soziale Entwicklung schädigen könnte."

Im Juni 2021 hat die Bundesregierung das Lieferkettengesetz beschlossen. Das erklärte Ziel ist es, den Schutz grundlegender Menschenrechte zu verbessern und insbesondere illegale Kinderarbeit zu unterbinden. Umweltbelange sind insofern relevant, als sie nicht zu Menschenrechtsverletzungen führen dürfen (beispielsweise durch vergiftetes Wasser) und nicht die menschliche Gesundheit gefährden dürfen.

Das „Kobalt-Problem" betrifft jedoch nicht nur allein die Herstellung industrieller oder gewerblicher Energiespeicher, sondern fängt bereits bei Kleinanwendungen wie dem Smartphone an.

Produktion

Bei der Produktion von Energiespeichern können die direkten Umwelteinflüsse durch Rohstoffabbau, Produktion und Transport sowie die humanen Auswirkungen zurzeit nur als sehr problematisch bezeichnet werden.

Wie sieht es dann bei der Energiebilanz aus? Um den für die Produktion notwendigen Energieeinsatz in Relation zur produzierten Stromspeicherleistung zu bringen, haben Forscher den sogenannten „Erntefaktor" definiert, offiziell bezeichnet als Energy Stored On Invested (ESOI)-Wert.

Hier haben die Stromspeicher in den vergangenen Jahren deutliche Fortschritte gemacht. Während der Wert im Jahr 2013 noch bei 10 lag, liegt er heute bereits bei 18. Das bedeutet, dass ein durchschnittlicher Lithium-Ionen-Stromspeicher 18-mal so viel Energie speichert und abgibt, wie beim Abbau und der Produktion aufgewendet wurde. Je langlebiger der Speicher ist, desto besser ist schließlich auch der ESOI-Wert. Die Umweltbilanz in diesem Bereich entwickelt sich somit positiv und sollte sich, wie die Vergangenheit bereits gezeigt hat, weiter deutlich verbessern.

Eine genaue Gesamtbewertung zur Ökobilanz bleibt jedoch schwierig, da insbesondere die Rohstoffgewinnung und die damit verbundenen Umweltschädigungen, die sich negativ auf die Ökobilanz auswirken, nicht genau abgeschätzt werden können.

Wallbox für das Eigenheim
Ein Balkonkraftwerk kann auch einen Beitrag für die Batterie im E-Auto leisten.

Rücknahme von Altbatterien

Viele Altbatterien enthalten giftige Schwermetalle wie Quecksilber, Kadmium und Blei. Sie werden deshalb in Deutschland getrennt vom restlichen Haushaltsmüll gesammelt und recycelt, um Mensch und Umwelt zu schützen und Wertstoffe wiederzugewinnen. Dies gilt seit vielen Jahren bereits für Klein- und Autobatterien.

Im Jahr 2006 trat dann die europäische Batterierichtlinie (BattRL) in Kraft mit dem Ziel, die Umweltbelastungen durch Altbatterien in der gesamten Europäischen Union zu reduzieren. In Deutschland löste im Jahr 2009 das auf der BattRL aufbauende Batteriegesetz (BattG) die alte Batterieverordnung von 1998 ab. Es gilt für alle Arten von Batterien und Akkumulatoren, also Fahrzeug-, Industrie- und die aus dem Alltag bekannten Gerätebatterien. In Deutschland und anderen EU-Ländern besteht damit ein gesetzlich verankerter „Rücknahmezwang".

Außerdem ist es in Deutschland verboten, Batterien mit mehr als 0,0005 Gewichtsprozent (fünf Milligramm pro Kilogramm) Quecksilber in den Verkehr zu bringen. Auch Gerätebatterien mit einem Kadmiumgehalt von mehr als 0,002 Gewichtsprozent (20 Milligramm pro Kilogramm) dürfen per Gesetz nicht verkauft werden.

Fahrzeug- und Industriebatterien unterliegen nicht diesem gesetzlichen Kadmiumverbot! Enthalten Batterien die Schwermetalle Kadmium beziehungsweise Blei oberhalb bestimmter Grenzwerte, muss dies auf der Batterie beziehungsweise der Verpackung unterhalb des durchgestrichenen Mülltonnensymbols gekennzeichnet werden.

Die Vertreiber von Batterien sind in Deutschland verpflichtet, Altbatterien unentgeltlich vom Endnutzer zurückzunehmen. Auf der anderen Seite sind die Endnutzer gesetzlich verpflichtet, alle anfallenden Altbatterien bei den Vertreibern von Batterien oder den Sammelstellen der Wertstoffhöfe und Schadstoffmobile abzugeben. Keinesfalls gehören Altbatterien – beispielsweise auch beschädigte Altbatterien und Knopfzellen – in den Hausmüll oder gar achtlos in die Umwelt geworfen.

Um die Sammelstellen leicht zu finden, gibt es ein – allerdings nicht verbindliches – einheitliches Sammelstellenlogo. Auch online sind diese für jede Gemeinde leicht herauszufinden.

Fahrzeug- und Industriealtbatterien (E-Bike-Akkus, Akkus zur Speicherung erneuerbarer Energien ...) können von Endnutzern bei den Vertreibern dieser Batteriearten kostenfrei zurückgegeben werden. Teilweise beteiligen sich auch kommunale Sammelstellen freiwillig an der Sammlung solcher Batterien.

Problematische Lithium-Ionen-Batterien

Bei den Batterien zur konventionellen Energieversorgung haben sich verschiedene auf Lithium basierende Techniken durchgesetzt. Die zunehmende Energiedichte dieser Batterietypen bringt neue Probleme mit sich. Dazu zählt die Brandgefahr. Heikel ist es immer, wenn solche Batterien beschädigt werden. Dann kann leicht ein innerer Kurzschluss entstehen, die Batterien sind dann nicht mehr sicher. Bereits bei Kleinanwendungen wie dem Smartphone-Akku sind Fälle bekannt, bei denen die Batterie thermisch „durchgegangen" ist und einen Brand ausgelöst hat.

Was steckt dahinter? Lithium ist chemisch sehr reaktionsfreudig, in Verbindung mit Feuchtigkeit entzündet sich das Metall. In Lithium-Ionen-Batterien liegt das Lithium zwar in gebundener Form und in nur geringer Menge vor, problematisch ist aber die Temperaturentwicklung durch die hohe Energiedichte. Immer mehr Lithium-Stromspeicher mit hoher Kapazität werden beispielsweise in Elektrofahrzeugen verbaut. Da stellt sich zwangsläufig die Frage, wie ein bei einem Unfall beschädigter Akku sicher transportiert und entsorgt werden kann.

Gebrauchte und unbeschädigte Blöcke können unter den gleichen und international gültigen Sicherheitsanforderungen wie neue transportiert werden. Problematisch sind aber Batterieblöcke mit einem Gewicht von mehr als einem halben Kilo und einer mechanischen Beschädigung. Hier ist der Transport in Deutschland nur unter bestimmten Bedingungen und Vorgaben der Bundesanstalt für Materialprüfung (BAM) erlaubt und muss zudem dort angemeldet werden. Die Batterieindustrie arbeitet im Eigeninteresse unter Hochdruck an einer Lösung des Transportproblems. So werden durch die gegründete Stiftung Gemeinsames Rücknahmesystem (GRS) seit einigen Jahren flächendeckende Rücknahme- und Entsorgungssysteme für Lithium-Batterien betrieben. Seit Mitte 2013 steht ein von der

BAM geprüftes Transportsystem zur Verfügung, welches auch die Entsorgung beschädigter großer Lithium-Batterien sicherstellt. Dieses ist so konstruiert, dass der Akku darin notfalls kontrolliert abbrennen kann.

> **Immer mehr Lithium-Stromspeicher mit hoher Kapazität werden beispielsweise in Elektrofahrzeugen verbaut.**

Recycling und Verwertung

Die etablierten Recyclingprozesse für Altbatterien und -akkus konzentrieren sich vor allem auf die Rückgewinnung von Quecksilber, Kadmium, Blei, Zink, Eisen, Aluminium, Nickel, Kupfer, Silber, Mangan und Kobalt. Mit der Wiedergewinnung dieser Stoffe kann unter anderem die umweltbelastende Primärgewinnung vieler Rohstoffe reduziert werden. Wertvolle Beiträge zum Umwelt- und Ressourcenschutz werden dadurch geleistet.

Die Bundesregierung fördert schon seit 2009 Forschungs- und Entwicklungsprojekte im Rahmen der Elektromobilitätsforschung, um Behandlungs- und Recyclingprozesse zu verbessern. Aus den zahlreichen Förderaktivitäten der letzten Jahre ist das Interesse der Bundesregierung zu erkennen, nicht nur die Batterietechnik für die Elektromobilität, sondern auch die zugehörigen Recyclingtechniken zu fördern.

Ausgediente größere Akkus, insbesondere Lithium-Ionen-Akkus, nehmen, wenn diese unbeschädigt sind, einen eigenen Weg. Sie werden zum Recycling zu Unternehmen wie der Redux Recycling GmbH in Bremerhaven oder in die europäischen Nachbarländer gebracht, etwa zur Snam in Saint Florent oder zur Umicore in Belgien. Dort werden die Materialien getrennt.

Die Menge an großen Batterien, die dort landen, ist aktuell noch überschaubar; wenn einzelne Module der Lithium-Akkus in der Leistung nachlassen, können sie ausgewechselt werden. Der geringe Anteil Lithium in den Akkus von oft nur einem Prozent des Gewichts soll das Recycling übrigens nicht lohnen, zudem ist Lithium nicht teuer. Wiederverwertet werden aber andere Metalle wie Kobalt und Kupfer.

Wegen der langen Lebensdauer ist die bisher angefallene Menge an Lithium-Akkus noch gering – von einigen Herstellern ist zu hören, sie suchten defekte Exemplare, um sie untersuchen zu können, es seien aber kaum welche zu finden.

Ausblick

Mit immer mehr Anwendungen, sei es in der Elektromobilität oder den industriellen beziehungsweise regenerativen Stromerzeugungsanwendungen, wird sich das Rücknahme- und Recyclingthema sicher verschärfen. Die rechtliche Unterscheidung zwischen Geräte- und Industriebatterien ist auf Grundlage der Einsatzbereiche entstanden, nicht weil sie sich jeweils unterschiedlich chemisch zusammensetzen.

In der Sammel- und Recyclingpraxis wird es zunehmend schwerer werden, Industrie- und Gerätebatterien auseinanderzuhalten. Von Recyclingunternehmen wird das kritisiert. So finde eine immer stärkere Durchmischung dieser Klassen in den Batterieabfällen statt, die dadurch praktisch nicht mehr auseinanderzuhalten seien. Damit fließen die Industriebatterien in zunehmendem Maße in die Sammel- und Recyclingquoten der Gerätebatterien ein.

Mit der Novelle der Batterierichtlinie und des Batteriegesetzes sei zudem eine Anpassung der Berechnung von Recyclingquoten zum Beispiel für alle kritischen Metalle – wie Lithium, Kobalt, Nickel – in Lithium-Zellen notwendig, um gerade bei der Zunahme der Elektromobilität für diesen stark wachsenden Markt auch zukünftig genügend Rohstoffe zur Verfügung zu haben.

Weiterhin bleibt abzuwarten, ob die von den Herstellern angepriesene Lebensdauer der Batteriespeicher annähernd erreicht wird und welche modularen Austauscheinheiten entwickelt werden, um gegebenenfalls das Handling der Rücknahme und des Recyclings zu erleichtern.

Neue Batteriespeicher

Für die zukünftigen Recyclingtechnologien ist auch relevant, dass aktuell verschiedene alternative Batteriesysteme entwickelt und in den Markt gebracht werden, die ohne die kritischen Elemente Lithium und Kobalt auskommen, so zum Beispiel die Salzwasserbatterie, die auf der Basis des Elements Natrium beruht. Die Vorteile der Salzwasserbatterie liegen im geringen Verbrauch seltener Erden bei der Herstellung. Sie gilt als tiefentladefest, besitzt jedoch eine geringere Energiedichte als Lithium-Batterien. Sie ist also in erster Linie für den stationären Gebrauch – zum Beispiel auch bei Hausspeichern im Zusammenspiel mit größeren Dach-PV-Anlagen – geeignet, wo Gewichtsreduktion und Größe nicht so entscheidend sind.

Ein weiteres Problem: Natrium-Ionen-Batterien haben grundsätzlich eine geringere Leistungsfähigkeit, und die nimmt mit sinkendem Ladezustand zudem annähernd linear ab. Ist eine Natrium-Ionen-Batterie zur Hälfte entladen, kann sie nur noch 40 Prozent der Maximalleistung abgeben. Lithium-Ionen-Batterien dagegen können in der Regel bis kurz vor der vollständigen Entladung die volle Leistung zur Verfügung stellen.

Mit dem Einsatz von Natrium anstatt Lithium gilt die Natrium-Ionen-Batterie aber als nachhaltiger.

Der Boom der Balkonkraftwerke

Der Einstieg in die Stromproduktion aus Sonnenlicht funktioniert auch mit einem kleinen Budget, wenig Bürokratie und einer einfachen Installation.

Seit vielen Jahren kennen wir die großen Photovoltaikanlagen von gewerbsmäßigen „Solarplantagen" auf offenem Feld, Großanlagen auf Dächern von Industriehallen und öffentlichen Gebäuden sowie Dachanlagen mit oder ohne Batteriespeicher auf Einfamilienwohnhäusern.

Ein vergleichsweise junger Trend ist das sogenannte Balkonkraftwerk, das in Deutschland seit 2022 einen gewaltigen Aufschwung hinsichtlich der Zahl installierter Kleinanlagen bis 600 Watt Leistung verzeichnet. Die Zahlen sind richtiggehend beeindruckend.

Wie die Grafik „Der Boom in Zahlen" (siehe Seite 47) auf Basis von Daten der Bundesnetzagentur zeigt, befanden sich bereits Ende 2023 rund 350 000 dieser Balkonkraftwerke in Deutschland in Betrieb. Im Vergleich zum Stand von Dezember 2022 war das ein gewaltiges Plus von rund 275 000 Anlagen.

Interessant ist dabei auch die Verteilung der installierten Mini-Solarkraftwerke in den verschiedenen Bundesländern, wie sie sich bereits im Jahr 2022 abzeichnete (siehe „Balkonkraftwerke: Brandenburg ist Schlusslicht", Seite 48). So waren im Bundesland Hessen mit rund 3 500 Anlagen pro 100 000 Einwohner bislang die meisten Balkonkraftwerke installiert worden. Bei den Schlusslichtern Hamburg, Saarland, Bremen und Brandenburg waren es jeweils nur weniger als 100 in Betrieb befindliche Einheiten pro 100 000 Einwohner.

So lohnt sich ein Balkonkraftwerk

Wie kam es zu dieser plötzlichen Beliebtheit der handlichen Photovoltaikanlagen? Mit den wenigen Solarpanels, die man auf dem Balkon oder kleinen Freiflächen installieren kann, und der Beschränkung der Einspeisung auf maximal 600 Watt (bis Ende 2023) Wechselstrom vom Wechselrichter des Balkonkraftwerks in das Haushaltsnetz kann man schließlich nicht erwarten, den gesamten Strombedarf des Haushalts abzudecken.

Die seit 2022 stark gestiegenen Kosten für den Haushaltsstrom haben vielen Verbrauchern einen starken Anreiz gegeben, die Rechnungen der Stromversorger möglichst klein zu halten. Und die Investitionen

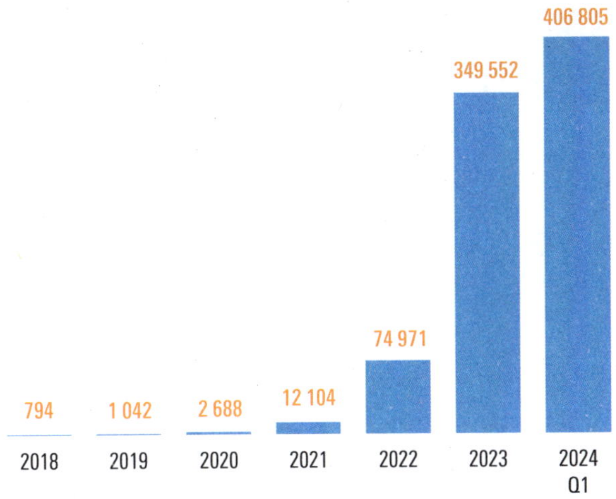

Der Boom in Zahlen
Installierte Stecker-Solargeräte in Deutschland. Seit 2022 kann man zu Recht vom Boom sprechen.

für ein Balkonkraftwerk amortisieren sich – je nach Anlagentechnik und Aufstellung der Solarpanels – nach wenigen Jahren, wie zahlreiche Rechenbeispiele zeigen. Wir nutzen hier zum Beispiel den Stecker-Solar-Simulator der HTW Berlin (solar.htw-berlin.de/rechner/stecker-solar-simulator). Die genaue Beschreibung der Rechengrundlagen und Modellannahmen finden Sie in der Dokumentation, die dort als PDF abrufbar ist. Unser Beispiel geht von folgenden Angaben aus:

Ein Dreipersonenhaushalt in der Etagenwohnung verbraucht im Jahr rund 3500 Kilowattstunden (kWh) Strom. Das Balkonkraftwerk mit einer Leistung von 1800 Watt$_{Peak}$ soll einfach senkrecht (90 Grad) am Geländer des nach Südwest ausgerichteten Balkons angebracht werden. Die Sicht ist frei, eine Verschattung kommt zu keiner Tageszeit vor. Die Wechselrichterleistung beträgt 800 Watt.

Den Preis für das komplette Balkonkraftwerk setzen wir mit 1200 Euro an, den Preis für den zusätzlichen Akkuspeicher mit 3 kWh Kapazität mit 1600 Euro.

Den Netzbezugspreis setzen wir mit 40 Cent/kWh an und gehen von einer durchschnittlichen Preissteigerung von 3 Prozent jährlich aus. Die Betriebszeit wird vorsichtig mit 15 Jahren veranschlagt, Ersatzkosten werden für diesen Zeitraum nicht berechnet. Ohne Batteriespeicher ergibt sich danach:

- Stromerzeugung pro Jahr: 1105 kWh
- Vermiedener Strombezug pro Jahr: 649 kWh
- Nutzungsgrad: 59 Prozent
- Selbstversorgung: 19 Prozent
- Jährliche Ersparnis: 322 Euro
- Ersparnis in der Betriebszeit: 4825 Euro
- Bilanz nach Betriebszeit: 3625 Euro
- Stromgestehungskosten je kWh: 12,3 Cent
- Amortisationszeit: 5 Jahre
- Vermiedene CO_2-Emissionen während der Betriebszeit: 2736 Kilogramm

Das Stecker-Solarkraftwerk amortisiert sich also innerhalb von fünf Jahren Betriebszeit. Nach der angenommenen Laufzeit von 15 Jahren ergibt sich ein wirtschaftlicher

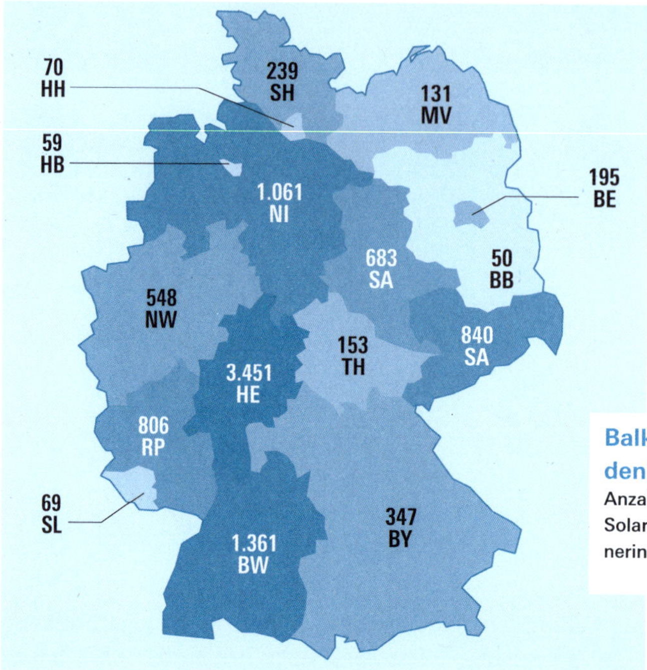

Balkonkraftwerke: Brandenburg ist Schlusslicht
Anzahl der betriebenen Mini-Solaranlagen je 100 000 Einwohnerinnen und Einwohner 2023

Überschuss von 3625 Euro gegenüber dem Strombezug aus dem öffentlichen Netz.

Bei gleichem Balkonkraftwerk, aber mit eingebundenem Batteriespeicher (Kapazität: 3 kWh, Preis: 1600 Euro) ergibt sich:

- Stromerzeugung pro Jahr: 1105 kWh
- Vermiedener Strombezug pro Jahr: 1 015 kWh
- Nutzungsgrad: 92 Prozent
- Selbstversorgung: 29 Prozent
- Jährliche Ersparnis: 503 Euro
- Ersparnis während der Betriebszeit: 7550 Euro
- Bilanz nach Betriebszeit: 4750 Euro
- Stromgestehungskosten pro kWh: 18,4 Cent
- Amortisationszeit: 7 Jahre
- Vermiedene CO_2-Emissionen während der Betriebszeit: 4281 Kilogramm

Das Stecker-Solarkraftwerk mit Akkuspeicher amortisiert sich hier innerhalb von sieben Jahren Betriebszeit. Nach der angenommenen Laufzeit von 15 Jahren ergibt sich ein wirtschaftlicher Überschuss von 4750 Euro gegenüber dem Strombezug aus dem öffentlichen Netz. Auffällig ist, dass hier die Reduzierung der CO_2-Emissionen mit 4281 kg erheblich größer ausfällt als bei der Variante ohne Akkuspeicher.

Zum Boom beigetragen haben sicher auch die von vielen Städten und Gemeinden aufgelegten Förderprogramme für Balkonkraftwerke, die die ohnehin schon gesunkenen Anschaffungskosten zusätzlich drücken können. Zwar gibt es aktuell keine bundesweiten Förderprogramme, doch Bundesländer wie Berlin, Mecklenburg-Vorpommern und Schleswig-Holstein sowie viele Städte und Gemeinden fördern die Stecker-Solaranlagen als Investition in den Klimaschutz. Erkundigen Sie sich bereits vor der Anschaffung gezielt nach lokalen Förderungen. Die Bedingungen können sich erfahrungsgemäß auch jederzeit rasch wieder ändern.

Und wenn Sie das Balkonkraftwerk von professionellen Handwerkern installieren lassen und eine Rechnung über die separat ausgewiesenen Material- und Arbeitskosten bekommen, können Sie die Lohnkosten bei Ihrer nächsten Steuererklärung über die Handwerkerleistungen absetzen. 20 Prozent der Arbeitskosten einschließlich Maschinen- und Fahrtkosten werden dann direkt von der Einkommenssteuer abgezogen. Pro Jahr können Sie insgesamt bis zu 6 000 Euro Handwerkerleistungen absetzen – und Ihren Betrag bei der Einkommenssteuer auf diese Weise um bis zu 1 200 Euro pro Jahr reduzieren.

Aktuelle Entwicklung

Hinzu kommt der rasante Preisverfall. Die Anbieter überschlagen sich dabei mit immer neuen „Superangeboten" und „Preiskrachern" für Solar-Komplettpakete. Da stellt sich die Frage, wie es noch um die Qualität der Materialien und Komponenten bestellt ist und wie im Bedarfsfall der Service der Unternehmen funktioniert. Unser Test „Balkon-Solaranlagen" (test 5/2024) musste in diesen Punkten leider etliche Erwartungen enttäuschen.

Im April 2024 wurde dann mit dem „Solarpaket I" der Bundesregierung eine bürokratische Vereinfachung bei Anmeldung und Inbetriebnahme der Balkonkraftwerke beschlossen (siehe „Was sagt das Gesetz? Das Solarpaket I", Seite 70), was viele Interessierte, denen das bisher zu viel Aufwand war und die bis dato gezögert hatten, jetzt zugreifen lässt. Denn seit Inkrafttreten des Solarpakets I dürfen die Mini-PV-Anlagen für Balkon und Garten hierzulande jetzt bis zu 800 Watt einspeisen statt wie bisher nur 600 Watt, und die maximale Leistung der Solarpanels darf jetzt bis 2000 Watt Peak betragen.

Erleichterungen gibt es auch für Mehrparteienhäuser. Der Bundestag hat Anfang Juli 2024 das Wohneigentumsgesetz (WEG) geändert. Nach § 20 Absatz 2 sind Stecker-Solargeräte in den Katalog der privilegierten Maßnahmen aufgenommen. Damit hat jede Wohnungseigentümerin und auch jede Mietpartei einen stärkeren Anspruch darauf, dass der Installation eines Balkonkraftwerks von der Eigentümergemeinschaft zugestimmt werden muss.

Der Haken dabei: Der einzelne Eigentümer hat nur den Anspruch auf die Gestattung der Installation eines Balkonkraftwerks. Wie das zu erfolgen hat, bestimmt die Eigentümerversammlung im Rahmen ordnungsgemäßer Verwaltung. Die Eigentümergemeinschaft kann zum Beispiel das Modell und die Art der Installation vorschreiben.

Wie Balkon-kraftwerke funktionieren

Dass die einzelnen Komponenten eines Stecker-Solarkraftwerks nicht immer so funktionieren, wie sie sollen, hat unser Test von Balkon-Solaranlagen vom Mai 2024 gezeigt. Wir erklären hier, worauf es ankommt.

→ **Mini-PV, Guerilla-PV,** Balkon-Solaranlage, Plug-in-Solaranlage oder Stecker-Solaranlage: Die Bezeichnungen für Balkonkraftwerke sind vielfältig, meinen aber immer dasselbe. Viele Menschen glauben zunächst, dass man Balkonkraftwerke nur an Balkonen installieren kann, was nur ein sehr eingeschränkter Anwendungsbereich ist. Der Begriff „Balkonkraftwerk" ist deshalb irreführend, denn die Kleinanlagen können fast überall aufgestellt oder installiert werden, wo sie frei dem Sonnenschein ausgesetzt sind, also auch an Fassaden, auf Garagen, Carports, Gartenhütten, als Zaun oder aufgeständert auf dem Boden. Die Anlagen sind meist so vorbereitet, dass man sie relativ einfach und ohne professionelle Hilfe installieren und anschließen kann.

Ein Balkonkraftwerk oder die Stecker-Solaranlage kann nicht den Strombedarf eines Haushalts abdecken oder gar Überschüsse produzieren. Es geht hier primär darum, Solarstrom kostengünstig selbst zu generieren und zu nutzen, um so weniger (teuren) Strom vom Stromanbieter zu beziehen. Das senkt die monatlichen Stromkosten.

Module und Wechselrichter

Ein Balkonkraftwerk besteht aus nur wenigen Komponenten: den Photovoltaikpanels, einem Kabel zur Verbindung mit dem Wechselrichter, dem Wechselrichter sowie einem Kabel zur Steckdose des Hausnetzes.

Ein Balkonkraftwerk besteht üblicherweise aus einem oder zwei Solarmodulen – oft auch als Panels bezeichnet. Ohne Befestigungsmaterial gibt es ein Paket mit 2 Panels mit rund 900 Wp, 800-W-Wechselrichter und Kabeln im Sonderangebot bereits unter 300 Euro.

In der Grundkonstellation, die auch in vielen Paketangeboten so enthalten ist, wird auf der Rückseite oder in der Nähe der Solarpanels ein kleiner Modulwechselrichter angebracht. Der Wechselrichter wandelt den von den Panels erzeugten Gleichstrom in Wechselstrom mit 230 Volt Spannung und einer Frequenz von 50 Hertz um, mit dem das allgemeine Stromnetz und handelsübliche Elektrogeräte arbeiten. Der Wechselrichter kann sich in der Regel auch mit einem lokalen WLan-Netzwerk verbinden und im Betrieb seine Leistungsdaten senden, die man dann auf einer App auf dem Smartphone oder Tablet anzeigen lassen kann.

Vom Wechselrichter geht ein Kabel mit Netzspannung ab. Den haushaltsüblichen Schuko-Stecker – oder auch den speziellen Wieland-Stecker – am anderen Ende kann man dann in eine normale Steckdose (beziehungsweise Wieland-Dose) auf dem Balkon oder in der Wohnung stöpseln.

Das war‘s schon, das Balkonkraftwerk ist jetzt mit dem Hausnetz verbunden. Nach Wunsch und Bedarf kann man zwischen Wechselrichter und Hausnetz (Steckdose) auch noch einen Mess- und Schaltregler einsetzen, der die Stromerzeugung misst und steuert. Ein Schaltplan für diese Grundfiguration mit zwei oder vier Modulen ist rechts oben auf Seite 53 dargestellt.

Ob man sich noch den Luxus eines Batteriespeichers für den selbst produzierten Strom leisten will, hängt sehr von den individuellen Gegebenheiten wie der Haushaltsgröße und dem Strombedarf über den Tagesverlauf sowie vom eigenen Geldbeutel ab. Weitere Informationen zu diesem Thema lesen Sie ab Seite 132.

In der Abbildung „Balkonkraftwerk mit zwei Solarpanels und Speicher“, siehe Seite 54, sehen wir ein Beispiel für die Verbindung aller Komponenten mit den mitgelieferten Kabeln.

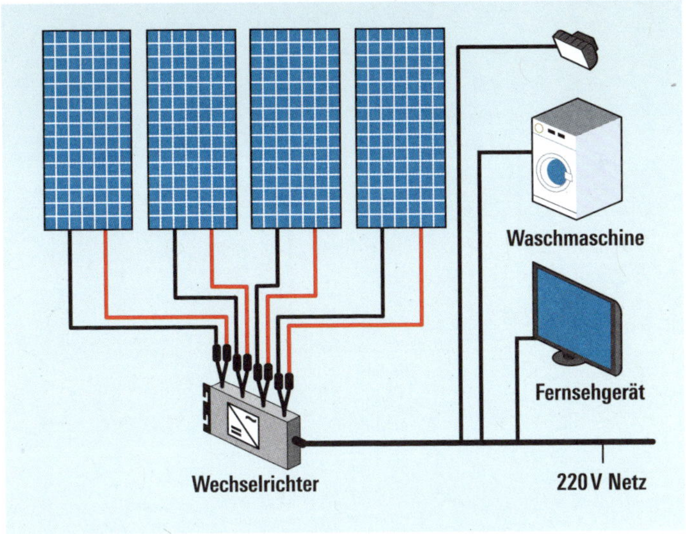

Verschaltung einer einfachen Balkon-PV-Anlage
Die vier Panels der Stecker-Solaranlage speisen einen Wechselrichter mit Gleichstrom. Über einen integrierten oder externen Mess- und Schaltregler wird der Strom im Haushalt verbraucht oder ein Überschuss ins öffentliche Netz eingespeist.

Vorteile von Halbzellenmodulen

Solarzellen bestehen meistens aus zwei Siliziumschichten. Die Unterschiede zwischen monokristallinen und polykristallinen Solarmodulen können Sie ab Seite 26 nochmals nachlesen.

Bei Halbzellenmodulen oder auch Halfcut-Solarmodulen sind im Vergleich zu Vollzellenmodulen alle Solarzellen jeweils halbiert. Laut Messungen des Fraunhofer Instituts für Solare Energiesysteme (Fraunhofer ISE) erzielen Solarmodule mit Halbzellentechnologie durchschnittlich 2 bis 3 Prozent mehr Leistung als Vollzellenmodule mit der gleichen Eingangszelle, obwohl sie aus dem gleichen Material bestehen.

Die Erklärung liegt in erhöhter Reflexion des Lichtes innerhalb des Panels und in physikalischen Gesetzmäßigkeiten der Elektroleitung. Im Vergleich zur Vollzelle verringert sich bei Halbzellen aufgrund der verminderten Größe der Zellen der durchlaufende Strom. Das reduziert die Leitungsverluste im Solarpanel, was in Summe zur erhöhten Ausbeute führt.

Halfcut-Solarmodule liefern nicht nur eine etwas höhere Stromausbeute als Vollzellen. Sie werden auch anders verdrahtet. Genauer gesagt werden die einzelnen Halbzellen zu zwei separaten Stromlaufpfaden zusammengefasst. Dazu werden die Halbzellen eines Segments (Bereich auf dem Panel) in sechs sogenannten Strings in Reihe verschaltet. Die Leitungen beider Segmente sind dann in der Mitte per Parallelschaltung miteinander verbunden. Diese sind ebenfalls in der Mitte des Moduls durch Freilauf- beziehungsweise Bypassdioden effizient verschaltet. Diese Aufteilung der stromproduzierenden Flächen (Segmente) hat den

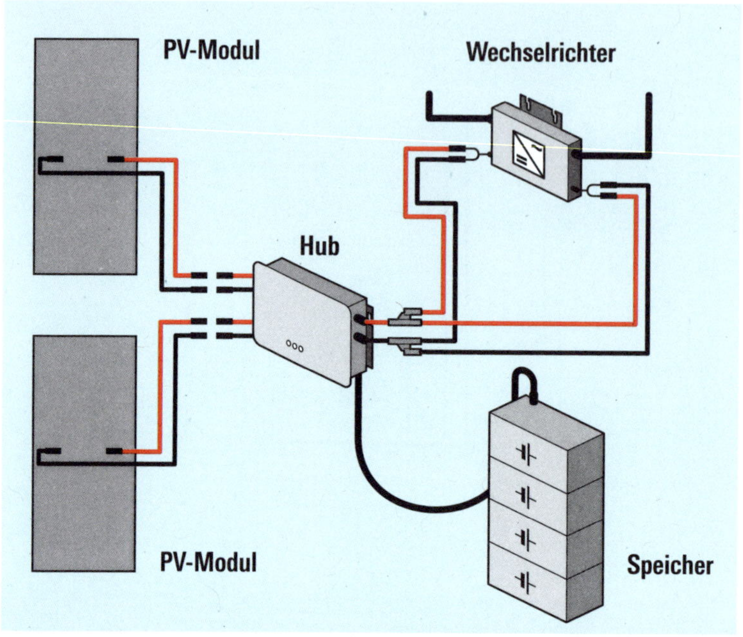

Balkonkraftwerk mit zwei Solarpanels und Speicher
Hier wird über den Hub (Verteiler) die Option geschaffen, dass die Panels den Strom entweder über den Wechselrichter ins Hausnetz einspeisen oder mit Gleichstrom den Akku (Speicher) aufladen.

Vorteil, dass die Auswirkungen einer teilweisen Verschattung erheblich geringer werden.

Photovoltaikmodule mit einer Vollzellenverschaltung haben systembedingt das Problem, dass die Stromausbeute schon bei geringer Verschattung einiger Solarzellen stark abfällt. Bei den modern verschalteten Halbzellenmodulen kann die unverschattete Hälfte des Moduls aufgrund der separaten Leitungsführung weiter gute Erträge liefern. So ist zum Beispiel bei einer Installation mit hochkant montierten Solarpanels auch bei einer Teilverschattung am Morgen und Abend immer noch eine Leistung von etwa 50 Prozent zu erwarten.

Durch die Einführung der Multibusbar-Technologie (MBB) konnte eine weitere kleine Leistungssteigerung der Solarpanels erreicht werden. Busbars sind dünne Metallstreifen, in der Regel aus Silber, die direkt über den Solarzellen verlaufen und diese untereinander verschalten. Mit der Multibusbar-Technologie werden bei Halfcut- und Triple-Zellen-Panels alle einzelnen Solarzellen nicht mit 4, 5 oder 6 Busbars ausgestattet, sondern jeweils mit 9, 12 oder 16. Das steigert die Effizienz der Zellen zusätzlich, allerdings nur im Bereich von 2 bis 2,5 Prozent mehr Leistung. Dies beruht sowohl auf den kürzeren Verbindungswegen zwischen den einzelnen Busbars als auch auf

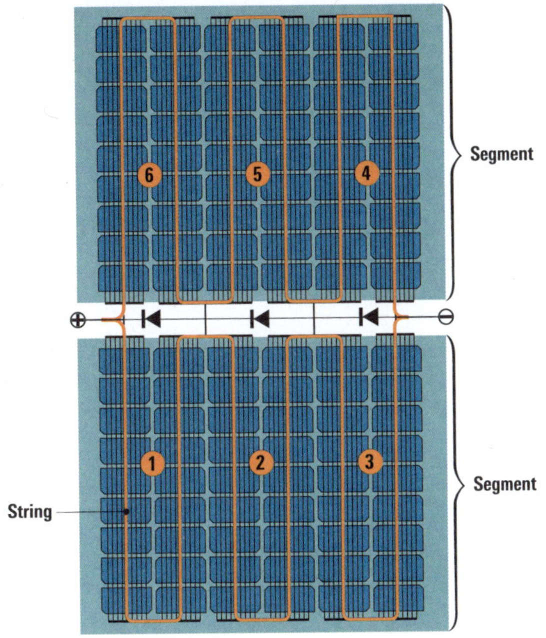

Halfcut-Solarmodule

Durch die Aufteilung der Halbzellen in zwei separate Stromlaufpfade verbessert sich die Stromausbeute bei teilweiser Beschattung der Module erheblich.

der stark reflektierenden und optimierten Drahtstruktur.

Die kleinteiligere Verdrahtung auf der Zelle erhöht als willkommener Zusatzeffekt gleichzeitig auch die mechanische Belastbarkeit der Zellen.

Was leisten bifaziale Zellen?

Die kristallinen Zellen können auch bifazial (zwei- oder beidseitig) sein. Bifaziale Zellen sind auf beiden Modulseiten lichtempfindlich. Sie können zusätzlich zur direkten Sonneneinstrahlung auf der Vorderseite auch auf der Rückseite Licht zur Stromgewinnung nutzen. Durch die Einbettung der Zellen in eine transparente Doppelverglasung (Vorder- und Rückseite des Moduls) kann Sonnenlicht zwischen den Zellen hindurchscheinen und vom Untergrund oder Hintergrund an die Rückseite der Zelle reflektiert werden. Zusätzlich wird das Licht, welches am Panel vorbei auf den Boden oder Hintergrund auftrifft, über die Zellrückseite absorbiert.

Gleichzeitig haben bifaziale Zellen eine verlängerte Lebensdauer, da sie durch die doppelte Verglasung sehr gut geschützt sind.

Die Technologie ist optimal für Flächen geeignet, wo der möglichst stark reflektierende Hintergrund oder Untergrund für eine hohe Helligkeit auf der Rückseite der Panels sorgt, um die beidseitige Energiegewinnung optimal zu nutzen. Das können Freiflächen sein, aber auch die senkrechte Anbringung am Balkongeländer, wo die – möglichst helle – Fassade für eine gute Reflexion des Sonnenlichts sorgt. Hersteller sprechen hier von „bis zu 30 Prozent höheren Erträgen" im Vergleich zu monofazialen Panels. Aus unseren Gesprächen mit Experten für Photovoltaik ist aber zu vermuten, dass 30 Prozent wahrscheinlich nur im Idealfall erreicht werden und die meisten Nut-

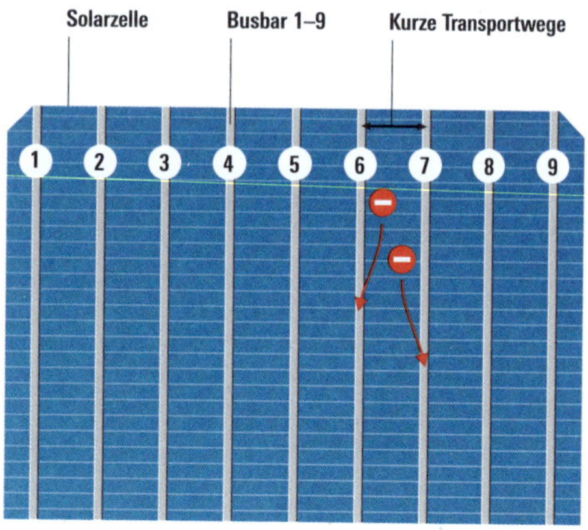

Weniger Leitungsverluste
Verschaltungsmuster bei der Multibus-Technologie bei Halfcut-Zellen

zer im Praxiseinsatz mit deutlich weniger Zusatzertrag im Vergleich zu einseitigen Panels rechnen können.

Festzuhalten ist jedenfalls: Das Ende der Fahnenstange ist bei der Entwicklung immer effizienterer Solarpanels und Photovoltaikanlagen noch nicht erreicht, wie wissenschaftliche Fortschritte immer wieder zeigen, die durch neue Materialien und Technologien erzielt werden (siehe dazu auch ab Seite 63).

Modulwechselrichter

Ein Modulwechselrichter, auch bekannt als Mikrowechselrichter, ist ein kleiner Wechselrichter, der direkt an ein einzelnes Solarmodul angeschlossen wird, um den von diesem Modul erzeugten Gleichstrom (DC) in Wechselstrom (AC) umzuwandeln. Denn damit arbeiten das allgemeine Stromnetz und handelsübliche Elektrogeräte.

Moderne Wechselrichter können sich üblicherweise zusätzlich mit einem lokalen WLan-Netzwerk verbinden, was den Zugang zum Internet und somit die laufende Kontrolle der Funktionen ermöglicht.

Weil das allgemeine Stromnetz empfindlich auf Änderungen der Spannung oder Frequenz reagieren kann, überwacht der Wechselrichter diese Netzparameter über das Netzanschlusskabel, um die Stabilität zu wahren und eine Überlastung zu vermeiden. Sollte es zu einer Überschreitung eines kritischen Grenzwerts kommen, trennt der Wechselrichter die Solaranlage automatisch vom Stromnetz.

Auch die Photovoltaikanlage selbst wird überwacht. Die eingehende Spannung, Stromstärke und aktuelle Leistung der Solarpanels werden stets vom Wechselrichter gemessen. So können Störungen und Probleme schnell erkannt werden. Außerdem können die Daten über Leistung und Ertrag dazu genutzt werden, um die Anlageneffizienz und den Anteil der Eigennutzung zu verbessern.

Solaranlagen haben abhängig von den Rahmenbedingungen im Betrieb einen gewissen Punkt, an dem der erzeugte Strom und die jeweilige Spannung optimal sind. Dieser Punkt wird auch Maximum Power Point (MPP) genannt. Die Steuerelektronik des Wechselrichters nutzt Widerstandsveränderungen, um die Photovoltaikanlage konstant im MPP zu halten. So wird auch bei sich verändernden Rahmenbedingungen konstant die maximale Produktivität gewährleistet.

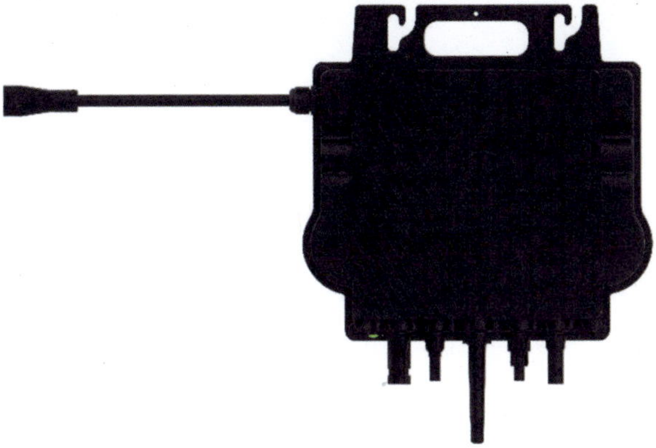

Der Stromwandler
Aktueller Modulwechselrichter für ein Balkonkraftwerk mit zwei Panels und 800 Watt Ausgangsleistung

→ MPP-Tracker für jederzeit beste Leistungsabgabe

Bei Solarzellen hängt der optimale Betriebspunkt unter anderem von der Bestrahlungsstärke und der Temperatur des Solarmoduls ab. Die maximal erreichbare Ausbeute an Strom ist also nicht immer gleich, sondern schwankt mit den Umweltbedingungen. Der optimale Punkt liegt dort, wo die Leistung, also das Produkt aus Stromstärke I (Ampere) und Spannung U (Volt), maximal ist. Das Maximum-Power-Point-Tracking (auch MPP-Tracking oder MPPT) oder die „kontinuierliche Leistungsmaximierung" ist in der Photovoltaik das Verfahren, bei dem die elektrische Belastung einer Solarzelle, eines Solarmoduls oder von mehreren in Reihe geschalteten Solarmodulen (String, deutsch auch „Strang") kontinuierlich so gesteuert wird, dass den Zellen die unter den jeweils aktuellen Bedingungen größtmögliche Leistung entnommen werden kann.Pro String der Panels genügt in der Regel ein Wechselrichter mit einem MPP-Tracker.

Ein Balkonkraftwerk mit nach Osten und Westen ausgerichteten Panels benötigt wegen der unterschiedlichen Strahlungsbedingungen zwei Wechselrichter mit je einem MPP-Tracker oder einen Wechselrichter mit zwei separaten MPP-Trackern.

Gibt es zwei oder mehrere Solarpanels, werden die Ausgänge der einzelnen Modulwechselrichter parallel geschaltet und gesammelt an das Netz angeschlossen. Modulwechselrichter eignen sich generell bei Solaranlagen mit wenigen Solarmodulen, die auf Balkon, Garage oder Gartenhaus installiert werden.

Bei Balkonkraftwerken sind häufig zwei bis drei Module im Einsatz. An einen Modulwechselrichter mit 800-W-Ausgang lassen sich ein oder zwei handelsübliche Module direkt anschließen. Weitere Module können theoretisch über Parallelschaltung hinzugefügt werden. Es ist jedoch zu beachten, dass die maximale Einspeisegrenze für Mikrowechselrichter für Stecker-Solaranlagen aktuell gesetzlich bei 800 Watt gedeckelt ist.

Ein kleiner Nachteil dieser Technologie: Der Wirkungsgrad von Modulwechselrichtern ist etwas geringer als bei String-Wechselrichtern. Das wird bei den Kleinanlagen

Eher für größere PV-Anlagen
Kraftvoller Strang- oder Stringwechselrichter mit Wlan-Verbindung zum Online-Monitoring

durch die Vorteile aufgewogen: Modulare Wechselrichter funktionieren autonom und sind nicht miteinander verbunden, was die gesamte Mini-PV-Anlage sehr anpassungsfähig macht. Diese Unabhängigkeit ist ein Pluspunkt im Vergleich zu Leistungsoptimierern oder Stringwechselrichtern.

Stringwechselrichter

Strang- oder auch Stringwechselrichter sind die am häufigsten eingesetzten Typen bei Photovoltaikanlagen, insbesondere bei größeren mit etlichen Panels.

Jeder dieser Wechselrichter überwacht eine ganze Reihe von Solarmodulen, die auch Strang oder auf Englisch String genannt wird. Im Gegensatz zu Modulwechselrichtern haben Stringwechselrichter einen etwas höheren Wirkungsgrad.

Ein Nachteil von Strangwechselrichtern ist, dass die Leistung des gesamten Strangs abfällt, sobald einzelne der in Reihe geschalteten Module teilweise verschattet werden. Bei großen PV-Anlagen kann auch die Leitungsführung von hohen Gleichströmen über längere Entfernungen zu Verlusten

Wechselrichter als Störsender

In unserem Test von acht Balkon-Solaranlagen (test Mai 2024) hat sich ein Problem als schwerwiegend erwiesen, das man als Käufer eines Balkonkraftwerks wohl kaum erwarten würde: Drei der getesteten Anlagen fielen durch den Test, weil deren Wechselrichter andere Elektrogeräte und Funkverbindungen durch elektromagnetische Störstrahlung beeinträchtigen können. Das war so bedeutsam, dass die Bundesnetzagentur diese Wechselrichter (Hoymiles HM-800) bereits kurz darauf vom Markt genommen hat.

führen. Als Vorteil ist zu nennen, dass die Installation nur eines Wechselrichters an zentraler Stelle statt verteilt an jedem Modul sehr einfach ist.

Wenn ein Wechselrichter nur einen einzigen MPP-Tracker besitzt, sollte ein Stringwechselrichter nur dann eingesetzt werden, wenn alle Module der Reihe dieselbe Ausrichtung, Neigung und Verschattung aufweisen. Sonst könnte nicht auf die jeweilige Situation der einzelnen Module geachtet werden. Und damit gehen Optimierungspotenziale verloren. Moderne String-Wechselrichter haben deshalb meist zwei MPP-Eingänge oder mehr.

Bei Modulwechselrichtern wird die Leistung nur geringfügig durch Teilverschattungen beeinträchtigt, da jedes Solarpanel seinen eigenen Wechselrichter hat. Nachteilig wirken sich hingegen die hohen Kosten für die vielen Wechselrichter an den einzelnen Modulen und die aufwendige Montage aus.

Ein Zentralwechselrichter hat bei sehr großen Photovoltaikanlagen wiederum den Vorteil, dass nur ein einziges Gerät zu überwachen und zu warten ist. Fällt der allerdings aus, ist die komplette Solaranlage „stumm" und speist keinen Strom mehr ins Netz.

Nur erwähnt werden sollen hier noch Multistringwechselrichter mit mehreren MPP-Trackern, mit denen man mehrere Stränge überwachen und bedienen kann. Diese Art Wechselrichter kommt allerdings fast nur bei größeren PV-Anlagen mit unterschiedlichen Einstrahlungsbedingungen zum Einsatz. Dabei werden mehrere Neigungen und Modulausrichtungen in einen einzigen Wechselrichter integriert. Für jede Modulreihe kann die optimale Betriebseinstellung gewählt werden.

Wie Sie die passenden technischen Eigenschaften des Wechselrichters berechnen? Die optimale Größe des Wechselrichters hängt von der Gesamtleistung der angeschlossenen Solarmodule, dem Spannungsbereich (Gleichstrom) der Module und dem Wirkungsgrad des Wechselrichters ab.

Die technische Wechselrichterleistung muss zur tatsächlichen Leistung der Solarmodule passen, die in $\text{Kilowatt}_{\text{Peak}}$ (kW_P) angegeben wird. Als ganz grob vereinfachte Daumenregel benötigen Sie pro kW_P installierter Leistung einen Wechselrichter mit einer Nennleistung von 1 Kilovoltampere (kVA) beziehungsweise 1 kW. In der Praxis sollte der Wechselrichter auch etwas mehr vertragen können, um einen Sicherheitspuffer zu haben.

Auch die Kühlung spielt für den Wechselrichter eine Rolle. Der Montageort sollte keiner direkten Sonneneinstrahlung ausgesetzt sein. Im Idealfall wird der Wechselrichter im Schatten installiert, zum Beispiel hinter den Modulen – aber natürlich nur, wenn es sich nicht um bifaziale Module handelt. Hinter dem Wechselrichter ist genügend freier Raum vorzusehen, um eine ausreichende Belüftung sicherzustellen.

Strom ernten. Zwei Solarpanels liefern auf vier Quadratmetern bis zu 800 Watt.

800 Watt Sonnenkraft

Balkonkraftwerke können bei voller Sonne je nach Verbrauch all diese Geräte unterstützen oder sogar gleichzeitig versorgen.

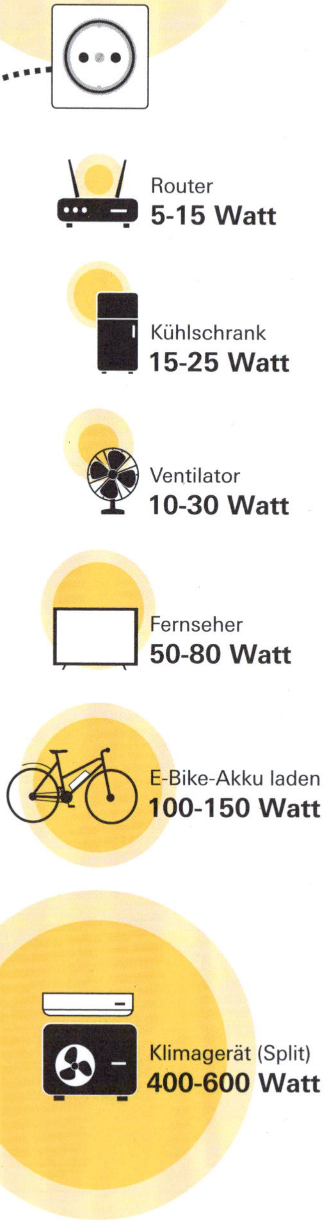

Leistung und Ertrag

Leistung und Ertrag des Balkonkraftwerks hängen von der Qualität der Komponenten und von der Anzahl und Aufstellung der Panels ab.

Die Leistung von Photovoltaikmodulen wird in vielen Fällen nur mit einer bestimmten Wattstärke angegeben, zum Beispiel „800 Watt Leistung". Sie müssen sich dann jedoch bewusst sein, dass die so angegebene Leistung kein fester Wert ist, der jederzeit erreicht wird, sobald die Sonne scheint. Genauer muss man bei der Leistungsangabe von „Watt Peak" (W_P) sprechen. Das findet man in der Praxis als „Nennleistung" oder „installierte Leistung" von Solarmodulen.

Die Nennleistung in $Watt_{Peak}$ (W_P) ist ein technisch genormter Wert, der unter standardisierten Laborbedingungen gemessen wird. Bei 25 plus/minus zwei Grad Celsius Temperatur auf den Modulzellen werden in einer Kammer exakt 1000 Watt senkrecht auf den Quadratmeter Grundfläche projiziert. Das Strahlungsspektrum muss dabei mit den Vorgaben einer DIN-Norm übereinstimmen. Die dabei gemessenen elektrischen Werte werden mathematisch ausgewertet und in W_P beziffert.

Die Nennleistung von Photovoltaikpanels hilft vor allem dabei, die Leistungsfähigkeit unterschiedlicher Solarmodule miteinander vergleichen zu können.

Dass die Angabe zur Kalkulation real zu erzielender Strommengen nicht verwendet werden kann, zeigt sich, sobald man seriöse Modellrechner und gemessene Erträge pro Jahr aus Anlagen im Betrieb betrachtet. Wenn es um die wirklich erreichbaren Einsparungen bei der Stromrechnung geht, muss man auch noch berücksichtigen, dass die Einspeiseleistung von Stecker-Solaranlagen gesetzlich auf 800 Watt begrenzt ist. Wenn aktuelle Hochleistungsmodule mit zusammen 2 kW_P im Sommer gegen Mittag bei Sonnenschein ihre maximale Leistung liefern, muss der Wechselrichter die Einspeisung ins Haushaltsnetz auf maximal 800 Watt begrenzen.

Wenn Sie vor einer Investition in ein Balkonkraftwerk prüfen wollen, welche Stromernte Sie erwarten dürfen, kann Ihnen das Photovoltaic Geographical Information System (PVGIS) der EU weiterhelfen: pvgis.com (Sprache auf Deutsch anpassbar).

Die Forschungsgruppe Solarspeichersysteme der Hochschule für Technik und Wirtschaft Berlin (HTW) bietet auf ihrer Webseite solar.htw-berlin.de auch den „Stecker-Solar-Simulator" (als Suchbegriff eingeben) an. Der Onlinerechner soll allen Interessierten

Klassisches Strommessgerät
Die REV Energie-Messsteckdose für unter 20 Euro (Stand 8/2024) zeigt die Messwerte auf dem Display an. Eine WLan-Verbindung gibt es nicht.

dabei helfen, die mögliche solare Eigenversorgung ihres Haushalts durch Steckersolargeräte und kleine Batteriesysteme abzuschätzen. Für zwei verschiedene Systemgrößen können sie den Selbstversorgungsanteil, den solaren Nutzungsgrad sowie die jährlich vermiedenen CO_2-Emissionen vergleichen. Zusätzlich ermittelt der Simulator unter Berücksichtigung der örtlichen Gegebenheiten die Stromherstellungskosten ihres Solarstroms sowie die Amortisationszeit. So können die Nutzerinnen und Nutzer selbst kalkulieren, ob sich die Investition in ein Steckersolargerät für sie rechnet. Im Abschnitt „Der Boom der Balkonkraftwerke" auf den Seiten 46 bis 49 finden Sie zu diesem Szenario beispielhafte Berechnungen für zwei unterschiedliche Anlagen.

Die Stromproduktion messen

Theoretische Leistungsangaben auf den Produkten und in Datenblättern sind in der Praxis nur bedingt aussagekräftig. Wie kann man also die reale Stromproduktion seines Balkonkraftwerks über die Zeit messen und sichtbar machen?

Die Photovoltaik-Panels und ältere oder einfache Modulwechselrichter zeigen häufig nicht direkt an, ob die Anlage funktioniert und welche elektrische Leistung eingespeist wird.

Beherrscht der Wechselrichter keine Leistungsmessung, können Sie beim Anschluss über eine übliche Schuko-Steckdose ein separat zu erwerbendes Strommessgerät verwenden. Achten Sie nur darauf, dass das Gerät nicht nur den Bezug aus dem Stromnetz (Verbraucher), sondern auch in die umgekehrte Richtung messen kann. Nur dann kann es ja die vom Steckersolar-Gerät produzierte Strommenge erfassen.

Noch eine Stufe fortschrittlicher sind sogenannte intelligente Steckdosen mit Wifi-Verbindung, die oft auch die Energiemessung ermöglichen und sich per WLan vom Router oder von Smart-Home-Steuerungen fernbedienen lassen.

Moderne Wechselrichter haben aber eine Messelektronik eingebaut, die die Leistungsüberprüfung ermöglicht. Der Zugriff darauf erfolgt heutzutage über das WLan mithilfe einer auf dem Smartphone installierten App des Herstellers. Damit können Sie auf dem Handy ablesen, wie viel Strom erzeugt wird.

Zu vielen Wechselrichtern können Sie über Ihr WLan-Netzwerk mit Ihrem Mobilfunkgerät eine Verbindung herstellen:

- Wenn die Anlage eingerichtet ist, suchen Sie auf Ihrem Smartphone, Tablet oder Laptop nach WLan-Netzwerken.
- In der Übersicht der gefundenen WLan-Netzwerke wählen Sie die SSID des Wechselrichters aus.
- Geben Sie das WLan-Passwort des Wechselrichters (aus der Gebrauchsanleitung oder dem Begleitschreiben zur Lieferung) ein.
- Nun können Sie im Webbrowser Ihres Endgeräts die Heim-Adresszeile aus der Gebrauchsanleitung zum Wechselrichter eingeben und erhalten Zugriff auf das Hauptmenü. Hier können Sie die WLan-Funktion auch ausschalten und jederzeit wieder einschalten.

Aktuelle Entwicklungen und Stand der Technik

Durch das Solarpaket I werden leistungsstärkere Balkonkraftwerke bis 2000 $Watt_{Peak}$ und 800 Watt Einspeisung kommen. Was tut sich sonst noch bei der Technik?

→ **Balkonkraftwerke** werden im Freien installiert. Sie müssen Herbst- und Winterstürmen widerstehen und im Winter Temperaturen von minus 15 oder minus 20 Grad Celsius aushalten. Im Sommer hingegen kann es inzwischen leicht 35 bis 40 Grad Celsius im Schatten heiß werden. In der prallen Sonne heizen sich die dunklen Solarpanels noch viel stärker auf. Photovoltaikmodule können im Sommer dementsprechend bis zu 70 Grad Celsius heiß werden, das ist ein Unterschied von 45 Grad Celsius gegenüber der Nominaltemperatur von 25 Grad Celsius, bei der die Leistung standardmäßig gemessen wird. Dieser Umstand wirkt sich auf die jeweils aktuelle Leistung der Anlage äußerst negativ aus, da die Modulleistung mit jedem Grad Celsius plus um 0,4 Prozent sinkt. Je heißer es wird, desto schlechter funktionieren die Solarzellen.

Die statistische Lebensdauer eines Balkonkraftwerks hängt stark von der Qualität der Komponenten, von der Wartung und den Betriebsbedingungen ab. In der Regel kann man jedoch mit einer durchschnittlichen Lebensdauer von etwa 20 bis 25 Jahren rechnen. Insgesamt zeigen die Erfahrungen, dass es gepflegte Photovoltaikmodule ohne große Leistungseinbußen auf eine Lebensdauer von 20 bis 30 Jahren bringen.

Auf die Wechselrichter geben Hersteller meist 10 bis 15, manchmal bis zu 20 Jahren Garantie. Diese Geräte können aus verschiedenen Gründen kaputtgehen. Neben technischen Defekten, die oft auf eine Ermüdung elektronischer Bauteile zurückzuführen sind, kann ein Wechselrichterdefekt auch von außen durch Blitz und Überspannung verursacht werden.

Die XXL- oder Quattro-Balkonkraftwerke

Seit Februar 2024 machen verschiedene Hersteller Werbung mit sogenannten XXL-Balkonkraftwerken oder Quattro-Balkonkraftwerken, die etwa aus einem Komplettpaket mit vier Solarpanels mit insgesamt über 2000 $Watt_{Peak}$ (4 mal 540 $Watt_{Peak}$„ W_P) Leistung in Verbindung mit zwei Akku-Speichern mit einer elektrischen Kapazität von zusammen 3,2 Kilowattstunden (kWh) für noch mehr elektrische Power sorgen sollen. Verkauft werden sollen dabei in erster Linie die Batteriespeicher. Und da viele Untersuchungen beziehungsweise Modellrechnungen ergeben, dass sich Batteriespeicher bei normalen Balkonkraftwerken mit maximal zwei Solarpanels rein finanziell selten lohnen, wird hier mit der deutlich höheren elektrischen Leistung der vier Panels geworben, die den Akku „in wenigen Stunden vollständig aufladen".

Aber wer hat auf dem Balkon schon Platz für vier große Solarpanels? Neben den Wechselrichtern benötigen auch die Akkupakete zusätzlichen Raum.

Fragt sich nur, ob man eine solche Anlage im Sinne der gesetzlichen Definition noch als „Balkonkraftwerk" bezeichnen kann. Die Panels überschreiten mit 4 mal 540 W_P ja die aktuell gesetzliche Höchstgrenze von 2000 W_P. Nach dem beschlossenen Solarpaket I sind Kleinanlagen bis zu 2 kW_P zulässig, aber immer nur mit einer maximalen Wechselrichterleistung von 800 Watt. Also Achtung: 4 mal 540 W_P stellen keine Balkonanlage mehr dar, sondern eine übliche PV-Anlage mit einem erforderlichen Netzanschluss am Hausanschlusskasten (nicht mehr über eine Steckdose).

Wenn Sie mit einer solchen Maxi-Anlage mit vier PV-Panels und 2 kW_p liebäugeln, sollten Sie auch darauf achten, dass diese optimal genutzt werden können. Mit vier unabhängig voneinander reagierenden Solarladereglern (MPPT) können Sie vier in verschiedenen Richtungen aufgestellte Solarpanels anschließen. Das bedeutet: Reicht der Platz für vier Module mit nahezu identischer Ausrichtung auf Ihrem Balkon nicht

Semitransparente Solarmodule
sind zwar etwas teurer als herkömmliche Panels, schaffen aber zum Beispiel über Terrassen ein angenehmes Ambiente.

aus, können Sie ein oder zwei Panels an der Fassade anbringen oder einen alternativen Aufstellort wählen. Die vier Module werden dann unabhängig voneinander geregelt und von der Steuerelektronik auch bei unterschiedlichen Einstrahlungssituationen jeweils im Optimumbetrieb gehalten. Wie hier jeweils die Kosten-Nutzen-Bilanz ausfällt, kann nur individuell ermittelt werden. Die Anbieter werben für diese Lösung natürlich grundsätzlich mit sehr optimistisch gewählten Annahmen und Ertragsbetrachtungen.

Semitransparente Solarzellen

Man sieht sie in der Werbung hauptsächlich als Dachabdeckung beispielsweise für Terrassen und Carports: halbtransparente Photovoltaikanlagen, unter denen man nicht komplett im Schatten steht. Aber was macht semitransparente Solarmodule so besonders?

Kristalline Solarzellen sollen das Sonnenlicht möglichst vollständig absorbieren und zur Stromerzeugung nutzen. Konventionelle kristalline Solarzellen können also aus Prinzip nicht lichtdurchlässig oder gar durchsichtig sein. Allerdings kann man den Grad der Lichtdurchlässigkeit eines Panels durch die Konstruktion beeinflussen, zum Beispiel indem man die Abstände zwischen den Solarzellen untereinander und zum Rand des Rahmens vergrößert. Ein Verbund aus durchsichtigen Materialien zwischen den photovoltaischen Zellen ermöglicht so teilweise durchsichtige Solarmodule. Hierbei handelt es sich dann um halb- beziehungsweise semitransparente Solarmodule.

Sie werden in erster Linie aus ästhetischen Gründen vor allem bei Carports, Vordächern oder Terrassenüberdachungen verwendet. Dabei wird in Kauf genommen, dass ihr Wirkungsgrad im Vergleich zu herkömmlichen Solarmodulen geringer ist. Und da sie lange nicht in den großen Mengen wie konventionelle Panels nachgefragt und produziert werden, sind sie trotz der geringeren Leistung teurer. Für eine einzelne Kleinanlage mit semitransparenten Solarmodulen werden zwischen 400 und 700 Euro pro Modul fällig. Wollen Sie ein ganzes Terrassendach mit einer semitransparenten Anlage bestücken, kann das bis zu 30 000 Euro kosten.

Als Stecker-Solaranlagen kommen Dünnschichtmodule nur selten vor, dann am ehesten in Form dekorativer Balkonbrüstungen.

Eine zweite Option besteht darin, durch mechanische Eingriffe direkt in die Zellen (Dünnschichttechnologie) die Lichtdurchlässigkeit zu erhöhen. In automatisierten Verfahren werden dabei die Einzelzellen durch Abscheidung gasförmigen amorphen Siliziums oder anderer Halbleitermaterialien wie Kupfer-Indium-(Gallium-)Diselenid und Kadmium-Tellurid direkt, also ohne sichtbare Leiterbänder, auf ein Trägermaterial wie Glas oder Metallfolie gebracht. Dünnschichtzellen sind damit günstiger als andere Photovoltaikzellen herzustellen, sie kosten etwa ein Drittel bis zur Hälfte der Preise für die bekannten kristallinen Dickschichtmodule. Sie sind dabei weniger anfällig bei Verschattungen und können in ganz unterschiedlichen Formen hergestellt werden.

Diese Vorteile relativieren sich allerdings durch die geringere Lebensdauer und die schlechtere Effizienz bei der Umwandlung von Lichtstrahlung in elektrischen Strom. Dünnschichtzellen erreichen nur einen Wirkungsgrad von etwa 10 bis 13 Prozent, Dickschichtmodule dagegen 15 bis 22 Prozent. Im Bereich der Balkonkraftwerke will man schließlich auf kleiner Fläche eine möglichst hohe Stromausbeute erzielen. Als Stecker-Solaranlagen kommen Dünnschichtmodule nur selten vor, dann am ehesten in Form dekorativer Balkonbrüstungen.

Flexible organische Fotozellen

Wenn man keine großen, sperrigen und schweren Solarpanels an die Balkonbrüstung schrauben will, kann man das nicht auch mit leichten, flexiblen Solarmatten machen? Da kommen organische Solarzellen ins Spiel, die theoretisch viele Vorteile bieten: Sie haben ein geringes Gewicht, sind mechanisch flexibel und lassen sich gut in bestehende Umgebungen integrieren. Ökologisches Plus: Sie können ohne Verwendung von Schwermetallen und anderen kritischen Elementen produziert werden, sind also umweltschonend herzustellen.

Durch Auswahl organischer Halbleiter, die ausschließlich infrarotes Licht absorbieren, können sogar transparente Solarzellen für Fenster entwickelt werden, die eine relevante Stromerzeugung zusätzlich mit einem Schutz vor Überhitzung in den Räumen verbinden können. Stand September 2024 sind allerdings noch einige wichtige Entwicklungsschritte bis zur Serienreife zu gehen. Zum einen ist die Effizienz bei der Stromerzeugung deutlich zu erhöhen, und zum anderen ist die Lebensdauer der Module zu verbessern.

Perowskit-Solarzellen – die Zukunft?

Seit einiger Zeit geistern immer wieder Meldungen von sensationellen Steigerungen der Lichtausbeute bei photoelektrischen Zellen durch die Medien. In diesem Zusammenhang taucht der Begriff „Perowskit" auf. Worum geht es dabei?

Perowskite ist der Sammelbegriff für eine Gruppe von Materialien, die eine charakteristische Kristallstruktur aufweisen. Als Perowskit werden sowohl ein natürlich vorkommendes Mineral, aber auch spezielle synthetische Verbindungen aus Industrielaboren bezeichnet. Gemeinsam ist ihnen ihre typische atomare Gitterstruktur, bekannt als Perowskitstruktur.

Sie können die Nutzung der Sonnenenergie deutlich effizienter, flexibler und unabhängiger von Materialimporten machen als bisher mit den Siliziumzellen. Die Zellen lassen sich deutlich dünner und mit weniger Energieeinsatz als Siliziumzellen produzieren. Der höchste jemals gemessene Wirkungsgrad für reine Perowskitzellen im Labor hat den reiner Siliziumzellen bereits eingeholt.

Perowskitzellen können auch grünes und blaues Licht gut verwerten, während Siliziumzellen hauptsächlich den roten und infraroten Bereich des Lichts in elektrischen Strom umwandeln. Da liegt die Idee nahe, die beiden Technologien zu kombinieren und daraus ein Sandwich zu bauen, also für sogenannte Tandem-Solarzellen zu verwenden. Ein Tandem-Modul produziert auf der gleichen Fläche deutlich mehr Strom als die Einzeltechnologien. Der Weltrekord in puncto Wirkungsgrad steht mittlerweile bei 33,9 Prozent und wird in den nächsten Jahren wohl noch weiter steigen.

Aber: Der Schwachpunkt von Solarmodulen auf Basis von Perowskit-Halbleitermaterialien ist die Lebensdauer, die noch nicht mit den 25 Jahren bei etablierten Silizium-Modulen mithalten kann. Aktuelle Veröffentlichungen legen nahe, dass bleifreie Perowskitzellen eine deutlich kürzere Funktionsdauer haben sollen als bleihaltige Zellen. Blei gilt aber als sehr umweltschädlich.

Die Forschung in der Perowskit-Photovoltaik konzentriert sich also darauf, den Bleigehalt ohne Verlust von Leistung und Lebensdauer zu reduzieren. Ein realistischer Markteintritt scheint auf einer Zeitskala von zwei bis fünf Jahren zu liegen.

Voraussetzungen für den Betrieb

Anders als bei der PV-Anlage auf dem Dach ist die Installation eines Balkonkraftwerks deutlich einfacher. Ein paar Punkte gilt es dennoch zu beachten – welche, erfahren Sie in diesem Kapitel.

Je nachdem, ob Sie Mieter in einer Mietwohnung sind, Selbstnutzer in einer Eigentümergemeinschaft oder Hauseigentümer – es gibt unterschiedliche Rahmenbedingungen, bevor Sie Ihren ersten Solarstrom mit einer Stecker-Solaranlage ins eigene Stromnetz einspeisen können.

Als Hausbesitzer, der eine Mini-Photovoltaikanlage auf seinem eigenen Grundstück aufstellen will, können Sie gleich loslegen. Als Selbstnutzerin einer Eigentumswohnung, die auf ihrem Balkon oder ihrer Terrasse ein Balkonkraftwerk installieren möchte, müssen Sie die Genehmigung der anderen Wohnungseigentümer einholen.

Und als Mieter brauchen Sie die Zustimmung Ihres Vermieters oder der Hausverwaltung, bevor Sie eine Stecker-Solaranlage installieren.

Die gute Nachricht: Es tut sich etwas auf der gesetzlichen Ebene, die Bundesregierung fördert Balkonkraftwerke in Deutschland durch bürokratische Vereinfachungen. Wir erläutern hier, was Stand der Dinge ist und welche Fragen geklärt werden müssen, bevor es losgehen kann.

Was sagt das Gesetz?

In den „Solarpaketen" bündelt die Bundesregierung Maßnahmen und Vorschriften zum Solarstrom, die zum Teil auch die Betreiber von Balkonkraftwerken betreffen.

Der Bau und der Betrieb von Photovoltaikanlagen sollen nach dem Wunsch des Gesetzgebers künftig schneller und reibungsloser erfolgen können, um so den im Rahmen der Energiewende erforderlichen Ausbau der Solarenergie weiter zu beschleunigen.

Die entsprechenden Regelungen werden in zwei sogenannten Solarpaketen gebündelt. Am 16. Mai 2024 ist das Solarpaket I in Kraft getreten. Die Neuerungen betreffen im Bereich der privaten Nutzerinnen und Nutzer folgende Punkte:

- PV-Anlagen am Eigenheim,
- Balkonkraftwerke,
- Bürokratieabbau und den vereinfachten Netzanschluss.

Das Solarpaket I

Das Solarpaket I der Bundesregierung sieht einige gesetzliche Änderungen vor, die die Installation und Inbetriebnahme von Balkonkraftwerken vereinfachen sollen. Zusammengefasst bedeutet das:

Für Balkonkraftwerke entfällt die Doppelmeldung. Die bisherige Pflicht zur Anmeldung beim zuständigen Netzbetreiber gibt es nicht mehr. Die Anmeldung beim Marktstammdatenregister der Bundesnetzagentur reicht jetzt aus. Diese wird inhaltlich auch einfacher gestaltet. Die Onlinemeldung muss innerhalb eines Monats nach Inbetriebnahme der Photovoltaikanlage erfolgen.

Schuko-Stecker werden offiziell geduldet, es besteht keine Pflicht, Wieland-Stecker zu verwenden.

Bis neue Stromzähler eingebaut sind, können Balkonkraftwerke mit den alten (Ferraris-)Zählern verwendet werden, auch wenn diese bei Stromeinspeisung ins Stromnetz rückwärts drehen. Bisher galt für veraltete Stromzähler: erst ein neuer Zähler mit Rücklaufsperre, dann das Balkonkraftwerk aktiv schalten.

Insbesondere für die bisher schwierige Prozedur zur Installation eines Steckersolargeräts in Mehrfamilienhäusern hat das Bundeskabinett Erleichterungen im Mietrecht (BGB) und im Wohneigentumsrecht (WEG) beschlossen. Bisher bestand die Gefahr, dass in Mehrfamilienhäusern Steckersolar-Geräte, die von mehreren Parteien zeitnah installiert wurden, zu einer großen Anlage zusammengefasst werden mussten. Das neue Gesetz nimmt Steckersolar-Geräte von dieser Anlagenzusammenfassung explizit aus. Im Zuge der neuen Definition im Erneuerbare-Energien-Gesetz (EEG) werden Steckersolar-Geräte und größere PV-Anlagen nun separat voneinander behandelt.

Die Erzeugung von Solarstrom mithilfe von Steckeranlagen wird im Wohneigentumsrecht wahrscheinlich in den Katalog der privilegierten Maßnahmen aufgenommen. Der Bundestag hat das am 4. Juli 2024 beschlossen. Am 27. September hat das neue Gesetz den Bundesrat passiert. Die neuen Regelungen gelten dann ab Anfang Oktober 2024. Wohnungseigentümer sollen dann nach § 20 Abs. 2 WEG einen Anspruch auf Gestattung eines solchen Balkonkraftwerks durch die Eigentümerversammlung haben. Die Art der Anbringung kann die Eigentümergemeinschaft aber durch entsprechenden Beschluss einschränken. Vermieter können Mietern die Installation der Module an Balkonen oder Wänden dann zwar nicht mehr verbieten, etwa weil es ihnen optisch nicht gefällt. Sie können aber Bedingungen für die Installation stellen, die die Erlaubnis in der Praxis aushebeln.

Bis zur öffentlichen Verabschiedung der Gesetze galt dic Anbringung einer solchen Anlage auf dem eigenen Balkon als normale bauliche Veränderung, die wegen der Änderung des äußeren Erscheinungsbildes des Gebäudes eine Genehmigung durch einfache Mehrheit in der Eigentümerversammlung voraussetzt.

Die Solarleistung der Panels darf jetzt maximal 2 Kilowatt$_{Peak}$ (kW$_P$) betragen. Wenn Sie über einen Stromspeicher nachdenken, der sich bisher wirtschaftlich kaum lohnt, fällt die Rechnung nun etwas besser aus. Je höher die installierte Solarleistung, desto effizienter arbeitet ein Stromspeicher. Daher sollten Sie bei der Anschaffung eines Balkonkraftwerks mit Speicher die maximal erlaubte Panelleistung von 2 kW$_P$ möglichst voll ausnutzen.

Bisher durften Balkonkraftwerke nicht mehr als 600 Watt ins Stromnetz einspeisen — auch nicht im eigenen Haushalt. Inzwischen sind 800 Watt erlaubt.

→ VDE-Norm in Arbeit

Die neue VDE-Industrienorm für die technischen Eigenschaften von Stecker-Solaranlagen ist noch nicht fertig. Die Produktnorm soll die Nummer VDE 0126–95 tragen, sie wird aber wohl nicht vor Ende 2024 fertiggestellt und veröffentlicht werden. Erst danach können Hersteller Stecker-Solargeräte entsprechend den neuen technischen Normen produzieren und Prüflabore diese durchtesten. Ab Ende 2024 könnten Produkte „gemäß VDE 0126–95" also auf dem Markt sein. Für Sie heißt das nur, dass Sie ab diesem Zeitpunkt davon ausgehen dürfen, dass die neuen Anforderungen der Norm an die Sicherheit der Geräte erfüllt sind.

Bevor das Solarpaket I in Kraft getreten ist, musste man für aufgeständerte Solaranlagen im Garten nachweisen, dass ein Dach für eine Solaranlage nicht geeignet ist. Erst dann gab es die Förderung durch das EEG. Diese Bedingung ist mit dem Solarpaket I gefallen. Man kann nun einfach eine Gartenanlage installieren und dafür eine Einspeisevergütung bekommen.

Aber: Die Höhe der Einspeisevergütung für selbst produzierten Strom ins öffentliche Stromnetz ist im Erneuerbare-Energien-Gesetz (EEG) festgelegt. Im Februar 2024 lag sie bei 8,1 Cent pro Kilowattstunde. Die Stiftung Warentest rechnet für die Kilowattstunde Strom vom Versorger mit 40 Cent. Es lohnt sich zurzeit also nicht, Strom einzuspeisen, da man sehr viel weniger dafür erhält, als man selbst pro Kilowattstunde zahlt. Und: Um eine Vergütung zu erhalten, muss auch entweder ein eigener Zähler für den eingespeisten Strom oder ein Zweirichtungszähler eingesetzt werden. Hierfür wird ein Messstellenentgelt fällig, also eine Miete für den Zähler, die jedes Jahr laufende Kosten verursacht. Hinzu kommt der bürokratische Aufwand durch die Einhaltung von Meldefristen, steuerrechtliche Regelungen und das Ausfüllen und Einreichen von Formularen.

Das Solarpaket II

Die Änderungen sollen die gesetzliche Grundlage für die Erweiterung und Vereinfachung der Photovoltaiknutzung schaffen.

Bauliche Anforderungen sollen reduziert werden. Bisher galten für PV-Module am Dach strenge Abstandsregeln zu Nachbarhäusern. Dadurch gibt es vor allem für Reihenhäuser weniger Vorgaben, und man kann mehr Strom erzeugen.

Und die Größe der einzelnen Module war auf jeweils zwei Quadratmeter begrenzt. Solarzellenmodule von über zwei Quadratmeter Modulfläche sind aber bereits seit Mitte 2023 auf dem Markt erhältlich, da die zuvor bestehende „Zwei-Quadratmeter-Grenze“ für die bauaufsichtliche Zulassung in Deutschland am 1. Oktober 2023 abgeschafft wurde. Die zulässige Fläche für ein Panel wurde – und wird zum Teil nach wie vor – auf maximal drei Quadratmeter angehoben.

Die Umsetzung der neuen Regelung erfolgt in den einzelnen Bundesländern stufenweise. Während die Länder Hessen, Bayern, Nordrhein-Westfalen und Niedersachsen die neue Bestimmung zügig umgesetzt haben, folgte Baden-Württemberg erst zu Ende Juni 2024. Die Mehrheit der übrigen Bundesländer plant noch bis Ende des Jahres die neue Drei-Quadratmeter-Regel in Landesrecht umzusetzen (Stand 30. September 2024).

Die Regierung hat darüber hinaus die Denkmalschutzbestimmungen gelockert. Diese Änderungen kamen, nachdem Solarprojekte auf solchen Gebäuden von den Denkmalschutzbehörden zunächst abgelehnt wurden.

Stromzähler

Mit welchem Stromzähler kann oder besser darf man ein Balkonkraftwerk betreiben? Im Eigenheim können Sie das leicht überprüfen. Im Mehrparteienhaus ist das manchmal gar nicht so einfach, wenn sich die Stromzähler für alle Wohnungen in einem abgeschlossenen (Keller-)Raum befinden, zu dem nur der Hausmeister, die Hausverwaltung oder die Eigentümer den Schlüssel haben.

Steht fest, welches Stromzählermodell im eigenen Zuhause verbaut wurde, muss man prüfen, ob für den Anschluss eines Balkonkraftwerks ein Wechsel erforderlich ist.

Wollen Sie ein Balkonkraftwerk installieren (lassen), benötigen Sie einen Zähler mit Rücklaufsperre, um bei Einspeisung ins Netz eine Rückwärtsdrehung Ihres Stromzählers zu vermeiden. Althergebrachte Zähler mit einem sich drehenden Messrad, sogenannte Ferraris-Zähler, laufen rückwärts, wenn im Haushalt mehr Strom erzeugt als verbraucht wird. Ein rückwärtslaufender Zähler käme rein strafrechtlich einer Urkundenfälschung gleich, wird aber gemäß dem Solarpaket 2024 für eine Übergangszeit offiziell toleriert (siehe Seite 70).

Grundsätzlich müssen also alle mechanischen Ferraris-Zähler ohne Rücklaufsperre sowie alle einphasigen Wechselstromzähler gegen ein neues Modell ausgetauscht werden. In vereinzelten Ausnahmefällen verfügen auch alte Ferraris-Stromzähler bereits über eine Rücklaufsperre. Und selbst moderne digitale Zähler können in Ausnahmefällen nicht rücklaufgeschützt sein.

Sicher sein können Sie sich, wenn Sie das auf dem Foto (siehe Seite 74) herausvergrößerte Symbol für die Rücklaufsperre sehen, welches sich am Stromzähler befindet.

Zweirichtungszähler sind meist wohl nur für diejenigen sinnvoll, die ihren ins Netz eingespeisten Solarstrom messen wollen, um eine EEG-Zahlung zu erhalten. Bei Balkonkraftwerken würde die EEG-Zahlung allerdings normalerweise so gering ausfallen, dass sich der bürokratische Aufwand nicht lohnt. Als Betreiber einer Mini-Solaranlage sollten Sie Ihrem Netzbetreiber sicherheitshalber formlos schriftlich mitteilen, dass Sie auf die EEG-Zahlung verzichten.

Kurz und im Überblick. Diese Zähler sind für den Betrieb von Balkonkraftwerken geeignet:

- Analoge Zähler mit Rücklaufschutz (Symbol findet sich am Zähler),
- Digitale Stromzähler (Zweirichtungszähler oder Zähler mit Rücklaufsperre) und
- Smart Meter.

Müssen Sie einen Zählerwechsel veranlassen, kontaktieren Sie als neuer Besitzer einer Balkon-Solaranlage Ihren Netzbetreiber. Bei der eigenständigen Beauftragung eines Zählerwechsels für den Anschluss einer neuen Anlage tragen Sie als Kunde oder Kundin zunächst die Kosten. Nur wenige Netzbetreiber sind hier kulant und kümmern sich kostenlos darum.

Der richtige Zähler
Wenn Sie das Symbol „Rücklaufsperre“ auf Ihrem Stromzähler entdecken, sind Sie auf der sicheren Seite.

Wenn Ihr Zähler ohnehin in naher Zukunft ausgetauscht werden muss, können Sie das in Ruhe abwarten: Die neue Regelung lautet ja, dass der Anschluss an alte Zähler übergangsweise in Ordnung ist – bis der Netzbetreiber den Stromzähler wechselt. Zählerwechsel im Rahmen eines Turnuswechsels sind in der Regel kostenlos.

→ Hier drohen Zusatzkosten

Vorsicht bei alten schwarzen Zählern mit schwarzer Grundplatte. Hier fordert der Netzbetreiber häufig eine Modernisierung des Zählplatzes, weil dieser nicht mehr dem Stand der Technik entspricht. Stimmen Sie dem als Eigentümer des Balkonkraftwerks zu, müssen Sie auch die Kosten für die Modernisierung übernehmen!

Kleine – oder je nach Vermieter große – Komplikation: Als Mieter sollten Sie sich vor einem Wechsel des Stromzählers unbedingt mit Ihrem Vermieter abstimmen und das Vorgehen klären. Denn es kann sein, dass der die Rechnung dafür bekommt und die Kosten für eine Modernisierung des Zählerplatzes tragen muss. Eine komplette Modernisierung des Zählerplatzes kann schnell einmal bis zu 1000 Euro kosten.

Der neue Standard: digitale Stromzähler

In den nächsten Jahren soll sich in den Schaltschränken der privaten Verbraucherhaushalte noch einiges tun, was das Management der elektrischen Netze betrifft.

Das ausgegebene Ziel der Bundesregierung besagt: Laut Messstellenbetriebsgesetz müssen bis zum Jahr 2032 alle Netznutzer mindestens mit einer „modernen Messeinrichtung“ ausgestattet sein. Einige Haushalte, vor allem solche mit hohen Stromverbräuchen, bekommen ein „intelligentes Messsystem“ – den sogenannten Smart Meter. Bereits ab 2025 können Kunden solch einen Smart Meter bestellen.

Was ist der Unterschied bei diesen Systemen? Das zeigt auch die Abbildung auf den Seiten 78/79 noch einmal im Überblick.

- Eine „moderne Messeinrichtung" stellt gemäß der Definition einen einfachen elektronischen Stromzähler dar. Er ist nicht mit dem Internet verbunden und muss wie bisher vor Ort abgelesen werden. Ein bequemer Überblick über den eigenen Stromverbrauch ist nur begrenzt möglich.
- Anders die mit dem Internet verbundene Variante namens intelligentes Messsystem (Smart Meter): Mithilfe eines Kommunikationsmoduls übermittelt es automatisch die Messdaten an den Netzbetreiber. Das ermöglicht eine Ablesung aus der Ferne und häufigere, exaktere Abrechnungen ohne Abschlagszahlungen.

Also ab wann sind oder werden digitale Stromzähler denn wirklich Pflicht? Die moderne Messeinrichtung – ohne Kommunikationsmodul – wird früher oder später in jedem Haushalt zum Mindeststandard.

Die große Mehrheit der Stromkundinnen und -kunden bekommt bisher auch keinen Smart Meter, sondern eine „moderne Messeinrichtung". Der Einbau dieser modernen Messeinrichtungen läuft bereits seit einigen Jahren, vor allem in Neubauten, im Zuge größerer Renovierungen und beim Austausch alter Zähler, die ihre Lebensdauer überschritten haben.

Ab 2025 werden intelligente Messsysteme Pflicht bei:

- Stromkunden mit einem hohen Verbrauch,
- Stromerzeugern wie Betreibern von Solaranlagen und
- Haushalten mit einer steuerbaren Verbrauchseinrichtung, zum Beispiel einer Wärmepumpe oder einer Wallbox.

Aber auch in allen anderen Haushalten können Smart Meter eingebaut werden: entweder weil die für den Einbau verantwortliche Firma das beschließt oder – ab 2025 – weil ein Kunde es selbst wünscht.

Die Ausstattung der Haushalte mit Smart Metern dümpelt aber seit Langem vor sich hin. Eigentlich hätte der Pflichteinbau bei bestimmten Gruppen, beispielsweise bei Betreibern von Photovoltaikanlagen, bereits 2017 starten sollen. Doch der sogenannte Rollout scheiterte jahrelang daran, dass es nicht ausreichend Modelle gab, die vom Bundesamt für Sicherheit in der Informationstechnik zertifiziert waren.

Im Mai 2023 beschloss die Bundesregierung deshalb das „Gesetz zum Neustart der Digitalisierung der Energiewende". Mit dem Gesetz wurden die jährlichen Kosten für den Betrieb der Stromzähler gesenkt und ein fester Fahrplan für Einbau und Verbreitung der Smart Meter festgelegt. Demnach gilt für Stromkunden mit einem jährlichen Verbrauch von mehr als 6000 Kilowattstunden ab 2025 ein Pflichteinbau.

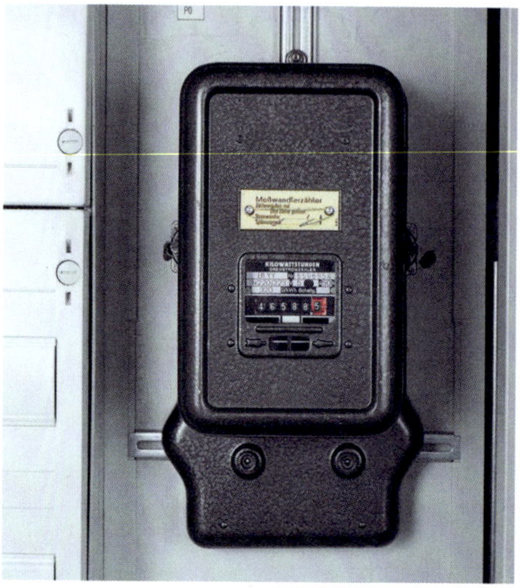

Alter Ferraris-Zähler
Ein Balkonkraftwerk darf übergangsweise über diese veralteten Zählerkästen Strom ins öffentliche Netz einspeisen.

Gleiches gilt für Betreiber einer Photovoltaikanlage mit einer Leistung ab 7 Kilowatt installierter Leistung.

Laufende Kosten für Smart Meter

Bis Ende 2025 müssen mindestens 20 Prozent, bis Ende 2028 mindestens 50 Prozent und bis Ende 2030 mindestens 95 Prozent dieser Fälle mit einem intelligenten Messsystem ausgestattet sein.

Alle anderen Kunden sind ab 2025 berechtigt, den Einbau eines Smart Meters selbst zu verlangen. Dieser muss dann innerhalb von vier Monaten installiert werden. Haushalte, die ab 2025 den Einbau eines Smart Meters von sich aus verlangen, zahlen dafür einmalig 30 Euro, aber auch eine höhere Zählermiete.

Die Datenübertragung zum Messstellenbetreiber erfordert eine Internetverbindung. Mobilfunk kann man sicher meist vergessen, da die Zählerschränke oft im Keller stehen. Wie soll die Internetverbindung hergestellt werden? Für die Übertragung der Daten vom Smart Meter hin zum zentralen Server sind die Messstellenbetreiber und sonst niemand verantwortlich. Sie als Verbraucher muss nicht interessieren, wie die Daten zum Ziel gelangen. Genutzt werden grundsätzlich aber zwei Verfahren. Zum einen kann das Mobilfunknetz genutzt werden. Wo dies nicht infrage kommt, zum Beispiel wegen des schlechten Empfangs, werden die Daten aufmoduliert auf die Trägerfrequenz des elektrischen Stroms übertragen, auch bekannt als Powerline.

Smart Meter bringen dagegen tatsächlich einen Zusatznutzen. Diese intelligenten Messsysteme veranschaulichen den aktuellen und vergangenen Stromverbrauch oder auch die Erzeugung des eigenen Stroms mit einer Photovoltaikanlage. Außerdem machen sie detaillierte Analysen der eigenen Verbrauchswerte möglich. Das motiviert, Stromfresser aufzuspüren und Verhaltensweisen zu ändern.

Nicht zuletzt sollen die Smart Meter die Einführung dynamischer Stromtarife voranbringen. Dahinter steckt die Idee, zu Zeiten eines Überangebots den Strom günstiger anzubieten, weil etwa Sonne und Wind in Spitzenzeiten besonders viel Energie lie-

Unser Tipp

Anders als früher kann der Messstellenbetreiber für den Betrieb des Zählers oder der Zähler eine eigene Rechnung schicken. Die Messstellenbetreiber haben aber mit den meisten Stromlieferanten vereinbart, dass diese die Kosten weiterhin mit dem Kunden abrechnen. In Zukunft empfiehlt es sich bei einem Wechsel des Stromanbieters, einen Blick in die Allgemeinen Geschäftsbedingungen zu werfen. Dort steht, ob der Messstellenbetrieb im Strompreis enthalten ist oder nicht.

fern. Ab 2025 sind Stromanbieter verpflichtet, Kunden mit einem intelligenten Messsystem einen dynamischen Stromtarif anzubieten. Nutzt der Kunde einen dynamischen Stromtarif, kann das finanzielle Vorteile mit sich bringen.

Dann kann man künftig mit Smart Metern Geld sparen? Ja, aber meistens nur geringe Beträge. Stromkunden mussten schon immer für ihren Zähler zahlen, im Schnitt waren es bislang rund 8 Euro im Jahr. Diese Kosten rechnen Stromanbieter über den Grundpreis ab. Digitale Stromzähler dürfen mehr kosten, für die einfachen modernen Messeinrichtungen sind aber höchstens 20 Euro im Jahr erlaubt.

Anfang 2024 wurden die Preisobergrenzen bei Smart Metern deutlich gesenkt. Der reine Messstellenbetrieb für Stromkunden mit einem Jahresverbrauch von bis zu 10 000 Kilowattstunden darf jetzt wie bei den einfachen Messeinrichtungen höchstens 20 Euro im Jahr kosten, das Gleiche gilt für Stromerzeuger mit einer Leistung von bis zu 15 Kilowatt.

Bei Haushalten mit größeren Photovoltaikanlagen oder mit steuerbaren Verbrauchseinrichtungen wie zum Beispiel Wärmepumpen oder Wallboxen liegt die Preisobergrenze bei 50 Euro im Jahr. Zusatzleistungen können zu weiteren Kosten führen, aber auch hier sind die Preise gedeckelt. Für die Steuerung von Verbrauchs- oder Erzeugeranlagen etwa darf der Messstellenbetreiber bis zu 30 Euro zusätzlich im Jahr verlangen.

Nötige Umbaumaßnahmen

Ob Sie für die neuen Messstellen einen neuen Zählerschrank brauchen, hängt von der Situation vor Ort ab. Laut Verbraucherzentrale ist bei etwa einem Viertel aller Haushalte ein Umbau des Zählerschranks notwendig. Besonders betroffen seien vor 1965 gebaute Häuser. Achtung: Die Kosten für den Umbau müssen Hauseigentümer selbst tragen. Das kann ein gewaltiges Loch in die Haushaltskasse reißen: Ein neuer Zählerschrank kostet schnell mehrere Tausend Euro. Sollte bei Ihnen ein Umbau des Zählerschranks notwendig sein, holen Sie sich

Digitale Stromzähler

Energieversorger

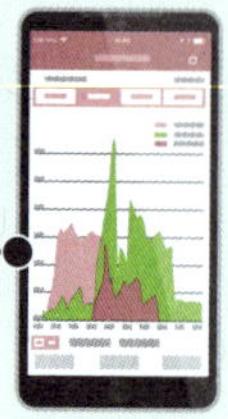

Stromkunde/ Stromerzeuger (z. B. mit Solaranlage)

Messstellenbetreiber (meist bisheriger Netzbetreiber)

Überträgt Daten zum oder vom Messstellenbetreiber (Netzbetreiber)

Intelligentes Messsystem

mit Internetverbindung

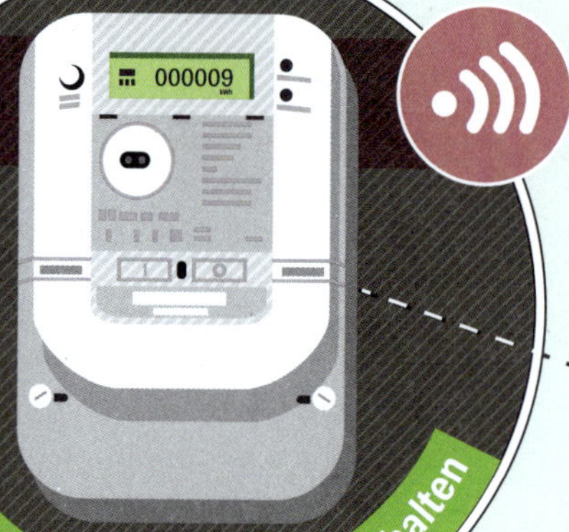

Einbau nur in bestimmten Haushalten

Zeigt zusätzlich online aktuellen Zählerstand, aktuellen und gespeicherten Verbrauch oder Energieerzeugung

Pflichteinbau ab 2025 bei ...

... Stromkunden mit hohem Verbrauch[1]
... Stromkunden mit steuerbaren Verbrauchseinrichtungen, zum Beispiel Wärmepumpen
... Stromerzeugern mit einer Nennleistung von mehr als 7 Kilowatt

Optionaler Einbau[3] bei ...

... Stromerzeugern mit einer Nennleistung von über 1 bis 7 Kilowatt (nur Neuanlagen)
... allen Stromkunden mit normalen Verbrauch[2]

Preisobergrenze: 20 Euro/Jahr, bei steuerbaren Verbrauchseinrichtungen (Wärmepumpe, Wallbox) und großen Solarstromanlagen 50 Euro/Jahr. Zusatzkosten für Zusatzleistungen möglich.

Moderne Messeinrichtung

ohne Internetverbindung

- Zeigt am Gerät aktuellen Zählerstand und gespeicherte Werte
- Überträgt keine Daten zum oder vom Messstellenbetreiber
- **Pflichteinbau bei ...**
  ... allen Stromkunden
- **Preisobergrenze:** 20 Euro/Jahr

1) Verbrauch über 6 000 Kilowattstunden im Jahr.
2) Verbrauch unter 6 000 Kilowattstunden im Jahr.
3) Messstellenbetreiber kann entscheiden, Kunde hat kein Widerspruchsrecht. Ab 2025 auch auf Wunsch des Kunden.

Stand: August 2024

© Finanztest 2024

in jedem Fall mehrere Kostenvoranschläge ein und vergleichen Sie Preis und Leistung.

Sie müssen von sich aus aber nichts unternehmen. Zuständig für den Austausch der Stromzähler ist der „grundzuständige Messstellenbetreiber". Meist ist das der örtliche Netzbetreiber – nicht zu verwechseln mit dem Stromlieferanten. Der Messstellenbetreiber muss den Einbau des neuen Zählers mindestens drei Monate vorher ankündigen und den Kunden auf das Recht hinweisen, den Anbieter für den Messstellenbetrieb zu wechseln. Spätestens zwei Wochen vorher muss er einen konkreten Termin für den Einbau nennen und mindestens einen Ersatztermin anbieten. Es steht dem Kunden aber frei, sich einen anderen Messstellenbetreiber zu suchen.

Bei modernen Messeinrichtungen ändert sich also wenig gegenüber den alten analogen „Ferraris-Zählern". Sind sie nicht mit einem Kommunikationsmodul ausgestattet, übertragen sie keine Daten und müssen wie herkömmliche Zähler weiter vor Ort abgelesen werden.

Datenübertragung

Der Unterschied besteht lediglich darin, dass sie den Zählerstand digital in einem Display anzeigen. Außerdem speichern sie die Verbrauchswerte. So können Sie als Kundin oder Kunde nachschauen, wie viel Strom Sie am Vortag, in der vergangenen Woche oder innerhalb eines Jahres verbraucht haben.

Bei intelligenten Messsystemen ist das anders: Sie übertragen mithilfe des Kommunikationsmoduls die Messdaten an einen Server des Messstellenbetreibers. Dieser leitet sie an den Energieversorger weiter und stellt sie den Kunden über ein Webportal oder eine App zur Verfügung. Das soll helfen, den eigenen Stromverbrauch besser zu kennen und steuern zu können.

Smart Meter können Signale nicht nur senden, sondern auch empfangen. Die Bewohner eines Smart Homes können so etwa ihre elektrischen Geräte automatisch an- und ausschalten. Ist in dem Smart Meter zusätzlich eine Steuerbox eingebaut, ist es auch möglich, beispielsweise eine Photovoltaikanlage fernzusteuern und bei Netzüberlastung abzuregeln. Auch der Verbrauch „steuerbarer Verbrauchseinrichtungen wie Wärmepumpen" oder Wallboxen darf bei Netzüberlastung mithilfe des Smart Meters aus der Ferne gedrosselt werden.

Diese Daten sind dabei höchst sensibel: Aus ihnen lassen sich Erkenntnisse über Alltag und Gewohnheiten der Bewohner gewinnen. Sie werden entweder über das Mobilfunknetz, WLan, Lan oder die Stromleitung übertragen. Wie bei jeder digitalen Kommunikationsinfrastruktur sind die Daten theoretisch der Gefahr von Hackerangriffen ausgesetzt. Die smarten Zähler müssen deshalb sehr hohe Sicherheitsanforderungen erfüllen, die das Bundesamt für Sicherheit in der Informationstechnik eigens für intelligente Messsysteme entwickelt hat.

Ihr gutes Recht

Ob als Mieter, Selbstnutzer in der Eigentümergemeinschaft oder Vermieter: Ohne Bürokratie geht es in Deutschland nicht. Aber seit Mai 2024 wird es einfacher.

Trotz des Booms der Balkonkraftwerke gibt es immer wieder Probleme mit der Installation der Stecker-Solaranlagen. So schrieb die Berliner Zeitung online am 22. Februar 2024:

„Solaranlagen am Balkon: Hohe Hürden bei Berlins landeseigenen Unternehmen. Viele wollen, die wenigsten dürfen: Die sechs städtischen Vermieter in Berlin haben bisher nur wenige Mini-Kraftwerke für Mieter genehmigt. Das sorgt für Kritik."

So werden nach offiziellen Schätzungen derzeit noch etwa 50 Prozent aller gestellten Anträge für Balkonsolaranlagen abgelehnt. Auch das laufende Gesetzesvorhaben, Balkonkraftwerke in den Katalog „privilegierter Maßnahmen" aufzunehmen, wird daran nach Meinung von Mieterschutzorganisationen wenig ändern. Die Installation kann dann zwar nicht mehr pauschal abgelehnt werden – aber das Vorhaben kann wohl durch überzogene und teure Bedingungen weiterhin völlig uninteressant geraten. Was können Sie also tun?

Mieter und Vermieter

Mieterinnen und Mieter, die auf dem Balkon eine Solaranlage errichten wollen, brauchen für gewöhnlich die Erlaubnis der Vermieter oder der Hausverwaltung. Wer ohne sie baut, muss die Anlage im schlimmsten Fall wieder entfernen. Unter bestimmten Umständen darf die Anlage aber auch gegen den Willen der Vermieterin bleiben, wie ein Fall vor dem Amtsgericht Stuttgart zeigt. Obwohl der Vermieter Nein gesagt hatte, installierte ein Mieter mit Elektrotechnikkenntnissen Solarmodule über eine Holzkonstruktion auf seinem Balkon und verband sie mit dem Stromnetz des Mietshauses. Die Klage auf Beseitigung verlor der Vermieter aber. Die Anlage sei fachmännisch installiert und störe optisch nicht, so das Gericht bereits Ende März 2021. Angesichts der politisch gewollten Energiewende habe der Mieter einen Anspruch auf Zustimmung zur Anlage (Az. 37 C 2283/20).

Wichtig: Dennoch sollten Sie als Mieterin oder Mieter nicht ohne Erlaubnis eine Anlage errichten. Soweit ersichtlich, bildet der angeführte Fall die erste amtsgerichtliche Entscheidung zum Thema. Andere Gerichte könnten anders entscheiden.

Ein Kritikpunkt, der sowohl bei Mietern als auch bei einzelnen Eigentümern in der Wohnungseigentümergemeinschaft noch viele Kontroversen auslösen wird, ist die Frage nach dem Wie.

So erhalten Interessenten, die ihre Vermietenden um Genehmigung zur Installation eines Balkonkraftwerks bitten, oft noch Antwortschreiben mit folgendem Inhalt:

„Wir haben grundsätzlich nichts gegen Balkonkraftwerke, aber

- sie dürfen von der Straße aus nicht sichtbar sein, also nur im Innenhof montiert werden;
- sie müssen hinter dem Balkongeländer (also auf dem Balkon) angebracht oder aufgestellt werden;
- sie müssen von einem Fachbetrieb installiert werden;
- sie müssen jährlich von einem Fachbetrieb überprüft werden."

Schon der letzte Punkt sorgt dafür, dass sich das Ganze finanziell nicht mehr lohnt, da die laufenden Kosten die Einsparungen in diesem Fall übersteigen.

Beispiel aus der Praxis

Wie das in der Praxis ablaufen kann, zeigt exemplarisch der Fall „Mutmacher", den wir in Finanztest 1/2024 vorgestellt haben.

Der wissenschaftliche Mitarbeiter Matthias Weyland und seine Partnerin wollten als Mieter einer Wohnung in Kiel ein Balkonkraftwerk auf ihrem Balkon errichten. Nachdem sie sich entschieden hatten, die Investition zu tätigen, bat Weyland die Hausverwaltung um Erlaubnis, weil das gesetzlich so vorgeschrieben ist. Die Hausverwaltung lehnte das zunächst ab mit einer Routineantwort: Die Panels würden die Optik der Fassade stören. Und permanente Änderungen am äußeren Erscheinungsbild eines Mehrparteienhauses sind durch die Eigentümergemeinschaft oder das Immobilienunternehmen zustimmungspflichtig.

In einer weiteren Anfrage schilderte Weyland sein Vorhaben detailliert. Er beschrieb, welche Anlage es genau sein solle und dass seine Haftpflichtversicherung mögliche Schäden abdecke. Die Hausverwaltung forderte nun ein Statik- und ein Brandschutzgutachten sowie die Prüfung der Elektrik des gesamten Mietshauses. Allein die Kosten für die Gutachten wären um ein Vielfaches höher gewesen als die Kosten für die Mini-Solaranlage selbst. Es sei erschreckend, mit welchem Aufwand Vermieter selbst kleine Anlagen verhindern wollen, meinte Weyland.

Auch eine Androhung von Rechtsmitteln bewegte die Verwaltung nicht zu einer Zustimmung. Im Oktober 2023 fand dann die Gerichtsverhandlung statt, zu der die Vermieterseite nicht erschien. Immerhin erkannte sie die Klage an. So fiel ein Anerkennungsurteil zugunsten der Kieler Familie. Matthias Weyland freute sich und schloss wenige Tage nach dem Urteil sein Balkonkraftwerk an das Stromnetz der Wohnung an.

Änderungen sind aber sowohl im Mietrecht (BGB) als auch im Wohneigentumsrecht (WEG) erfogt (siehe ab Seite 70). Künftig gilt die Installation eines Stecker-Solargeräts gemäß Wohnungseigentumsgesetz als „privilegierte Maßnahme". Das bedeutet: Wollen Mieterinnen oder Eigentümer ein Balkonkraftwerk aufstellen oder installieren, können Vermieter oder die Eigentümergemeinschaft den entsprechenden Antrag nur noch in Ausnahmefällen ablehnen. Vermieterinnen und Vermieter, auch Wohneigentümergemeinschaften, dürfen dann einzelnen Eigentümern und auch ihren Mieterinnen den Einbau einer Stecker-Solaranlage nur verbieten, wenn dieser für sie „unzumutbar ist". Diese Gesetzesänderungen wurden am 27. September 2024 im Bundesrat verabschiedet.

Wer haftet bei Schäden?

Reißt ein Balkonkraftwerk an einem stürmischen Tag von der Halterung und stürzt nach unten, kann die Haftungsfrage, also wer verantwortlich ist, von der Stärke des Sturms abhängen.

So empfiehlt der Jurist Marcus Seyfahrt in einem vom Verein Balkonsolar beauftragten juristischen Gutachten zu Haftungsfragen bei Balkonkraftwerken den Nutzerinnen und Nutzern, die Installation und insbesondere die Befestigung der Panels gut zu dokumentieren. Am einfachsten dürften wohl eine ausführliche Fotodokumentation der gesamten Anlage und Nahaufnahmen aller Befestigungselemente sein.

Denn Mieter können bei Schäden durch ein abgestürztes Solarpanel vom Grundstückseigentümer in Haftung genommen werden. Bei einem außergewöhnlich starken Sturm wäre den Eigentümern der Solarpanels hingegen kein Vorwurf zu machen, eine Haftung also auszuschließen.

Erfahrungsgemäß verhält es sich wohl so, dass viele Vermieterinnen und Vermieter Angst vor Stecker-Solargeräten auf oder an den Balkonen ihrer Mieter haben. Sie befürchten zum Beispiel wegen einer nicht fachgerecht angebrachten Anlage, für die Fehler der Mieterinnen und Mieter haften zu müssen. Eine private Haftpflichtversicherung deckt aber auch Schäden durch die Fälle ab, in denen die Solarpanels nicht ordnungsgemäß befestigt gewesen sind.

Auch eine durchaus übliche Vorgabe von Vermieterinnen oder Wohnungseigentümergemeinschaften (WEG): Dem Mieter und Erwerber eines Balkonkraftwerks wird die Auflage erteilt, dass eine Fachfirma mit der Installation der Panels beauftragt werden muss. Eine geforderte „fachgerechte Durchführung" bedeutet aber nicht zwangsläufig, dass sie durch eine Fachfirma durchgeführt werden muss. Sie muss nur von gleicher Qualität sein. Und spätestens seitdem es gesetzlich zulässig ist, den Wechselrichter einer Balkon-Solaranlage per normalem Schuko-Stecker mit dem Hausnetz zu verbinden, gibt es keinen Grund mehr, die Installation durch einen Elektrofachbetrieb vornehmen zu lassen.

Auch andere Auflagen, die immer wieder gern gemacht wurden, sind ohne sachliche Gründe eher als Schikane zu betrachten. Ein „Sachverständigengutachten für die Statik und den Brandschutz“ oder eine „sachverständige Prüfung der gesamten Hauselektrik des Gebäudes“ ist nicht gerechtfertigt. Eine Balkonsolaranlage mit zwei Panels und einer Einspeiseleistung von 800 Watt stellt das Hausnetz des Gebäudes nicht vor größere Herausforderungen als viele andere und deutlich leistungsstärkere Geräte im Haushalt.

Aber wie ist das nun tatsächlich, wer haftet bei Schäden durch ein abgestürztes Panel? Rein rechtlich könnten sowohl gegen die Mieterin oder den Mieter als auch gegen die Vermieterin oder den Vermieter Haftungsansprüche bestehen, sollte sich erweisen, dass diese ihren Pflichten zur Sicherung der Solaranlage nicht ordnungsgemäß nachgekommen sind.

„Die rechtlich gebotene Verkehrssicherung umfasst diejenigen Maßnahmen, die ein umsichtiger und verständiger, in vernünftigen Grenzen vorsichtiger Mensch für notwendig und ausreichend hält, um andere vor Schäden zu schützen“, heißt es nach Rechtsprechung des Bundesgerichtshofs.

Das bedeutet in unserem Fall: Paragraf 836 des Bürgerlichen Gesetzbuchs (BGB) ist zunächst gegen den Wohnungseigentümer gerichtet. Der kann die sogenannte Obhutspflicht aber an andere Personen übertragen. Stimmt die Vermieterin der Installation der Balkonsolaranlage zu, überträgt sie dem Mieter die Verpflichtung, die Balkonsolaranlage wie ein ordentlicher Eigentümer zu behandeln. Dann ist der Mieter dafür verantwortlich, dass die von ihm angebrachten Gegenstände sicher befestigt sind.

Stürzt ein Solarpanel ab und verursacht dadurch einen Schaden, geht man zunächst erst einmal davon aus, dass dies aufgrund mangelhafter Befestigung oder eines mangelbehafteten Gebäudeteils erfolgt ist.

Was besagt die Definition des Bundesgerichtshofs? Was heißt es denn konkret, wenn von „Maßnahmen, die ein umsichtiger und verständiger, in vernünftigen Grenzen vorsichtiger Mensch für notwendig und ausreichend hält, um andere vor Schäden zu schützen“, die Rede ist? Was, wenn sich das Panel durch ein außergewöhnliches Wetterereignis gelöst hat, mit dem erfahrungsgemäß nicht zu rechnen ist? Gerichtsurteilen zufolge kann das bei Stürmen mit Windstärke 12 oder mehr der Fall sein. Dann kommt die Beweispflicht ins Spiel, wie solide die Installation wirklich war und ob sie den technischen Normen genügt hat.

Hier ist die Empfehlung, den Aufbau grundsätzlich immer gemäß einer beiliegenden Installationsanleitung durchzuführen und die Befestigungen umfassend zu dokumentieren, etwa durch zahlreiche Fotos, die Sie nachträglich auch nicht manipulieren, also zum Beispiel mit einer Software noch „verschönern“, nachdrücklich zu unterstreichen.

Gewährleistung und Garantie

Kurz nach dem Aufbau stellen Sie fest, dass das Stecker-Kraftwerk gar nicht funktioniert oder nicht so, wie es soll. Was tun?

Haben Sie ein Komplettpaket von einem Anbieter erworben, ist Ihr Ansprechpartner für eine Reklamation ohne Frage Ihr Vertragspartner, also der Händler, von dem Sie die Anlage gekauft haben. Haben Sie die Bauteile jeweils selbst ausgewählt und bei verschiedenen Händlern erworben, wird es erst einmal schwieriger, denn Sie müssen schließlich herausfinden, welche Baugruppe nicht funktioniert oder wo genau der Defekt liegt. Ist hingegen klar, dass das Balkonkraftwerk oder eine seiner Komponenten einen Materialfehler hat, wollen Sie das sicher reklamieren. Welche Rechte haben Sie als Käufer oder Käuferin, wenn der Verkäufer defekte Ware nicht reparieren will? Nachfolgend finden Sie Antworten auf Fragen zu Garantie und Sachmängelhaftung.

Das Reklamationsrecht gilt einheitlich in der ganzen EU. Bei Käufen außerhalb der EU – Stichwort chinesische Handelsplattformen – haben Verbraucher es unter Umständen dagegen schwer, Mängelrechte wegen eines Defekts durchzusetzen. Und: Ein Umtausch wegen bloßen Nichtgefallens ist im Ladengeschäft, anders als beim Onlineshopping, eine Frage der Kulanz – also ein freiwilliger Service des Händlers.

Ist die Anlage jedoch von Anfang an kaputt, fällt ein Mangel unter die gesetzliche Gewährleistung. Auch an sich intakte Ware gilt als mangelhaft, wenn sie nicht für den Zweck taugt, für den eine Kundin sie gekauft hat. Es fehlt der Ware dann die zugesicherte Eigenschaft.

Liefert Ihr Balkonkraftwerk beispielsweise auch bei idealen Bedingungen signifikant weniger Strom als technisch zugesichert, dürfen Sie den Kauf reklamieren. Als Mangel gilt auch, wenn Sie als Kunde oder Kundin zu wenig oder eine falsche Ware bekommen haben.

→ Mängel bei gebrauchter Ware

Beim Kauf aus zweiter Hand oder bei gebrauchter Ware vom Händler ist Vorsicht geboten: Hat der Händler beim Verkauf auf Mängel hingewiesen, wie es etwa bei gebrauchten „Schnäppchen" oder „Rückläufern" manchmal vorkommt, können Sie diese Mängel nicht im Nachhinein reklamieren.

Lehnt es ein Händler als Antwort auf Ihre Reklamation ernsthaft und endgültig ab, sich um die mangelhafte Ware zu kümmern, können Sie sofort vom Kauf zurücktreten (siehe Seiten 87 und 89).

Fristen

Die Rechte eines Käufers wegen eines Produktmangels verjähren grundsätzlich nach 24 Monaten, nach Ablauf von 12 Monaten wird es allerdings komplizierter.

Im ersten Jahr ab Kauf haben Verbraucher es generell bequem: Der Verkäufer haftet, wenn er nicht beweisen kann, dass seine Ware bei Übergabe in Ordnung war (Paragraf 477 Bürgerliches Gesetzbuch).

Ab dem 13. Monat erfolgt die sogenannte Beweislastumkehr. Wer dann einen Defekt beim Verkäufer reklamiert, wird unter Umständen den folgenden oder einen ähnlichen Satz hören: „Das müssen Sie durch unachtsame oder falsche Benutzung der Sache selbst kaputt gemacht haben." Viele Kundinnen und Kunden scheitern dann mit einer Reklamation, denn sie können gegenüber dem Händler nicht nachweisen, dass der Mangel von Anfang an im Gerät steckte. Dafür bräuchten sie das Gutachten eines technischen Sachverständigen – und ein solches zu beschaffen, ist teuer.

Im Einzelfall kann die Beweiserleichterung für Verbraucherinnen und Verbraucher aber auch schon während des ersten Jahres nach Kauf versagen. So hatte das Landgericht Koblenz im Jahr 2015 den Fall einer Handykäuferin zu verhandeln. Diese hatte innerhalb des ersten Jahres nach Kauf Risse im Display beim Händler reklamiert. Es kam zum Streit, als sie ein Ersatzgerät verlangte. Vor dem Landgericht stellte ein Sachverständiger aber fest, dass der Riss durch ein Ereignis von außen, etwa einen Sturz, entstanden sein musste (Az. 6 S 360/14). Die Frau konnte das nicht widerlegen und verlor deshalb vor Gericht.

Für Mängel, die sich erst gegen Ende dieser 24-monatigen Phase zeigen, gilt eine Sonderregel: Die Reklamationsrechte des Verbrauchers verjähren nie vor Ablauf von vier Monaten nach Auftreten des Mangels. Das bedeutet: Zeigt sich ein Mangel also zum Beispiel erst im 24. Monat nach Produktkauf, haben Sie als Verbraucherin noch bis Ende des 28. Monats Zeit, Ihre Ansprüche beim Händler geltend zu machen und durchzusetzen.

Der Händler darf zunächst nachbessern. Stellt sich nach dem Kauf heraus, dass eine Ware bei Übergabe im Laden oder bei Lieferung einen Mangel hat, kann die Kundin nicht einfach ihr Geld zurückverlangen. Sie hat dem Händler gegenüber zunächst nur den sogenannten Anspruch auf Nacherfüllung. Das heißt: Sie kann wählen, ob der Verkäufer die defekte Kaufsache reparieren oder ihr statt der defekten Ware einwandfreie Neuware geben soll (Paragraf 439 Absatz 1 Bürgerliches Gesetzbuch). Der Verkäufer muss in beiden Fällen sämtliche Kosten für Transport, Arbeitsleistung und Materia-

Die neuen Solarpanels tun's nicht?
Sperrige oder zerbrechliche Ware muss vom Verkäufer vor Ort repariert oder abgeholt werden.

lien tragen. Käufer dürfen die Ware auch ohne die Originalverpackung reklamieren und zurücksenden. Im Zweifel müssen sie allerdings beweisen, wo sie den Artikel gekauft haben. Am besten geht das mit dem Kassenbon, bei Kartenzahlung können auch eine Kreditkartenabrechnung oder ein Kontoauszug als Beweis dienen.

Reparatur und Erstattung

Wann kann der Händler zwischen Reparatur und Ersatzlieferung wählen? Kann die Käuferin oder der Käufer eines teuren Smartphones vom Händler also einfach ein neues Gerät verlangen, wenn sich das bestellte als defekt herausstellt? So einfach ist es leider nicht. Denn der Verkäufer darf die von der Kundin gewünschte Nacherfüllungsart (Reparatur oder Ersatzlieferung) verweigern, wenn sie für ihn mit unverhältnismäßigen Kosten verbunden ist. Hat das Handy 1000 Euro gekostet und ist der Mangel durch eine einfache und günstige Reparaturmaßnahme zu beheben, wird er in der Regel zunächst auf einen Reparaturversuch bestehen.

Bei billigen Sachen wird es regelmäßig auf eine Ersatzlieferung hinauslaufen, bei hochpreisiger Kaufware kann und wird der Händler meistens zunächst auf Reparatur bestehen.

Wie lang der Zeitraum für eine Reparatur sein darf, ergibt sich nicht konkret aus dem Gesetz. Gewöhnlich sollte eine Reparatur innerhalb weniger Wochen möglich sein. Die Dauer hängt natürlich vom Umfang der notwendigen Reparaturen ab. Für einen kleinen Mangel reicht eine Woche. Muss viel repariert werden, können es auch mehrere Wochen sein.

Dauert die Reparatur unangemessen lange, dürfen Verbraucherinnen und Verbraucher die Reißleine ziehen und vom Kauf zurücktreten. Der Händler hat der Kundin oder dem Kunden nach Erklärung des Rücktritts den Kaufpreis zu erstatten. Der Käufer beziehungsweise die Käuferin muss den Rücktritt nicht vorher androhen. Wer kein Interesse an dem Rücktritt, also an der Rückgängigmachung des Kaufgeschäfts, hat, weil die Ware zum Beispiel ein ausgesprochenes Schnäppchen war, der hält sich mit der

Rücktrittserklärung besser erst einmal zurück und wartet ab, ob die Reparatur Erfolg hat.

Wichtig: Erklärt die Käuferin den Rücktritt und hatte die Ware bis dahin lange Zeit schon genutzt, wird der Verkäufer normalerweise Wertersatz dafür verlangen können, dass die Kundin die Ware bis zum Reparaturfall schon lange benutzt hatte. Unterm Strich wird die Käuferin im Falle eines Rücktritts nur den Kaufpreis minus Wertersatz erstattet bekommen. Befindet sich die Ware im Moment des Rücktritts noch bei der Käuferin, hat der Händler die Kosten des Rückversands zu tragen (Paragraf 475 Absatz 6 Bürgerliches Gesetzbuch). Um den Rückversand auch nachweisen zu können, sollten Verbraucherinnen und Verbraucher eine Versandart mit Sendungsverfolgung wählen.

Zweite Reparatur

Das Recht auf einen zweiten Reparaturversuch gibt es nicht mehr. Zeigt sich derselbe Mangel nach dem ersten Reparaturversuch wieder – war also die Reparatur erfolglos –, kann die Kundin oder der Kunde in der Regel sofort den Rücktritt vom Kauf erklären. Er oder sie bekommt anschließend das Geld wieder. Früher war oftmals noch ein zweiter Reparaturversuch abzuwarten, bevor der Rücktritt erklärt werden konnte. Nach der neuen, seit 2022 geltenden Rechtslage trifft das aber nicht mehr, wenn der Käufer ein Verbraucher ist.

Nicht festzustellender Mangel

Wenn ein Reparaturdienst keinen Fehler feststellt, kann es teuer werden. Bemühen Sie sich zunächst nach Ihren Möglichkeiten, die Ursache des Problems herauszufinden, bevor Sie bei der Händlerin oder beim Händler reklamieren. Schauen Sie vor einer Reklamation auch in der Produktbroschüre oder auf der Homepage des Herstellers unter „Häufige Probleme“ nach. Denn reklamieren Sie einen Mangel beim Händler und lässt der den gemeldeten Mangel von einem Servicetechniker überprüfen, hat zwar der Händler diese Untersuchungskosten zu tragen (Paragraf 439 Absatz 2 Bürgerliches Gesetzbuch). Aber wenn die Mangeluntersuchung ergeben sollte, dass die gekaufte Sache gar nicht kaputt ist, sondern deswegen nicht funktioniert hat, weil Sie das Gerät nicht korrekt angeschlossen oder bedient haben, haften Sie gegenüber dem Verkäufer unter Umständen für die Kosten, die durch eine Servicetechnikerin oder einen -techniker entstanden sind (Bundesgerichtshof, Az. VIII ZR 246/06).

Abholung bei Reparatur durch Verkäuferin oder Verkäufer?

Von hoher praktischer Bedeutung ist die rechtliche Frage, wo im Falle eines Mangels eigentlich die sogenannte Nacherfüllung geschehen muss. Das wird vor allem bei sperrigen oder schweren Kaufgegenständen wie einem defekten Auto oder einer mangelhaften Waschmaschine oder eben auch einem Balkonkraftwerk relevant. Muss der Käufer sich bei solchen Gegenständen darum kümmern, dass die Ware zum Geschäftssitz des Händlers kommt, damit sie dort repariert oder gegen Neuware ausgetauscht wird? Oder muss der Händler sie beim Kunden abholen? Seit der Partyzelt-Entscheidung des Europäischen Gerichtshofs (Christian Fülla gegen Toolport GmbH, Az. C-52/18) gilt folgende Faustregel:

- **Kompakte Ware:** Solange es der Kundin oder dem Kunden keine erheblichen Unannehmlichkeiten verursacht, ist diese oder dieser in der Pflicht, die defekte Ware zur Nacherfüllung zum Geschäftssitz des Verkäufers zu bringen oder sie dorthin zu schicken. Leichte und nicht sperrige Kaufgegenstände wie kleine Elektrogeräte oder Kleidung muss der Verbraucher zum Sitz des Verkäufers bringen.
  Für den Onlinehandel gilt: Ist für den Rückversand keine Spedition nötig, sondern kann die Ware leicht per Post verschickt werden, muss sich die Käuferin oder der Käufer um den Rückversand kümmern. Wichtig: Auch wenn der Verbraucher bei diesem Gegenstand den Rückversand oder den Transport zum Händler zu organisieren hat, trägt die Kosten dafür am Ende der Händler (Paragraf 439 Absatz 2 Bürgerliches Gesetzbuch). Hat die Kundin oder der Kunde das Porto vorgestreckt, muss der Händler es anschließend erstatten.

Gut zu wissen

Sachmängelhaftung und Garantie
Garantien sind, anders als die gesetzliche Sachmängelhaftung (auch „Gewährleistung" genannt), freiwillige Zusatzleistungen, die meist vom Hersteller, nicht vom Händler gegeben werden. Oft enthalten sie das Versprechen, dass die Ware oder Einzelteile eine Zeit lang halten (Haltbarkeitsgarantie). Was genau eine Garantie des Herstellers bietet, steht in den Garantiebedingungen. Üblicherweise beinhaltet sie die Übernahme der Reparaturkosten. Eine Kundin mit Garantieversprechen kann die ersten zwei Jahre nach Kaufdatum zwischen Garantie- und Gewährleistungsrechten wählen. Der Händler darf sie bei einer Reklamation nicht abwimmeln und etwa auf die Garantie des Herstellers verweisen.

Tipp: Lassen Sie es sich schriftlich geben, wenn ein Verkäufer von der gesetzlichen Gewährleistung prinzipiell nichts wissen will. Sie können dann sofort den Rücktritt vom Kauf erklären und Ihr Geld zurückverlangen.

- **Sperrige oder zerbrechliche Ware:** Ist das gekaufte Produkt sperrig oder sehr empfindlich und nur mit erheblichem Aufwand sicher zu verpacken und zu transportieren, muss die Verkäuferin für die Abholung der Ware beim Kunden sorgen. Online erworbene Gegenstände wie ein großes Partyzelt, eine schwere Waschmaschine oder ein Geschirrspüler muss die Händlerin oder der Händler beim Kunden abholen (lassen). Sie oder er kann alternativ auch zunächst einen Reparaturdienst zum Käufer schicken, der das defekte Gerät vor Ort reparieren soll. Das wird derart wohl auch für ein Balkonkraftwerk anzuwenden sein, insbesondere wenn es bereits fest installiert und angeschlossen ist.

Nutzungsentgelt, Wertersatz, Gutschein

Händigt ein Händler seinen Kundinnen und Kunden als Ersatz für eine defekte Sache neue Ware aus, kann er für die bisherige Nutzung des alten Geräts kein Nutzungsentgelt verlangen. Anders ist es allerdings, wenn der Kunde von dem Kauf ganz zurücktritt, etwa weil ein Reparaturversuch bereits gescheitert ist. Dann gilt: Der Kunde gibt die kaputte Sache an den Verkäufer zurück und erhält den Kaufpreis wieder. Für die bisherige Nutzung der zurückgegebenen Ware muss er Wertersatz zahlen (Paragraf 364 Absatz 2 Nummer 1 Bürgerliches Gesetzbuch), bekommt also nicht den vollen Kaufpreis zurück. Hoher Wertersatz für den Verkäufer kann etwa dann zusammenkommen, wenn jemand ein Auto ein Jahr lang fährt und dann wegen eines Mangels vom Kauf zurücktritt. Bei einer nicht funktionierenden Photovoltaikanlage wird dies wohl nur selten zutreffen.

Einen Gutschein statt Geld auszugeben ist nicht zulässig. Kommt es zum Rücktritt vom Kauf, haben Sie Anspruch auf Rückzahlung Ihres Geldes. Ein Gutschein reicht nicht. Anders ist es, wenn der Händler eine nicht defekte Ware wegen Nichtgefallens aus Kulanz zurücknimmt.

Beweislast im Reklamationsrecht

Wie auf Seite 86 bereits geschildert, haben die gesetzlichen Reklamationsrechte aus Sicht der Käufer die Schwäche, dass ab dem 13. Monat nach Kauf der Ware sie selbst den Beweis dafür erbringen müssen, dass ein aufgetretener Mangel bereits zum Zeitpunkt des Einkaufs im Gerät steckte. Eine gute Garantie zeichnet aus, dass sie mehr bietet als die gesetzlichen Mängelansprüche, die der Käufer sowieso schon gegenüber dem Händler hat.

Anders als viele Verbraucherinnen und Verbraucher glauben, haftet ein Händler nämlich nur dafür, dass die gekaufte Ware bei Übergabe mangelfrei ist (Paragraf 433 Absatz 1 Satz 2 Bürgerliches Gesetzbuch).

Geht etwa ein teures elektronisches Gerät nach eineinhalb Jahren kaputt, trägt der

Kunde die volle Beweislast. Ohne teures Privatgutachten gelingt dieser Nachweis gewöhnlich nicht. Das gesetzliche Gewährleistungsrecht ergibt in der Praxis ab dem 13. Monat nach Einkauf also oft keinen Sinn mehr. Hier hilft nur eine gute Herstellergarantie, bei der den Verbrauchern diese Beweislast für die Garantiezeit nicht auferlegt wird.

Variierende Garantiezeiten

Achten Sie darauf, dass Sie für die Module, den Speicher und den Wechselrichter eine schriftliche Fassung mit den exakt beschriebenen Garantiebedingungen erhalten. Oft liegen diese den Produkten in den Verpackungen bei. Schauen Sie, ob darin konkrete Angaben zum Garantiegeber, zur Dauer und zur Beschreibung der Garantieleistungen enthalten sind. Im Idealfall gibt es eine einheitliche Garantie, die alle Komponenten umfasst. Es kann sein, dass Sie einzelne Komponenten online oder postalisch mit Seriennummer und Angabe des Besitzers beim Hersteller registrieren lassen müssen, um die Garantieleistung – zum Beispiel bei Wechselrichtern – in Anspruch nehmen zu können.

Eine gute Garantie bietet mehr als die gesetzlichen Mängelansprüche, die der Käufer sowieso schon hat.

Bei Batteriespeichern war lange Zeit aus gesetzlichen Gründen eine zehnjährige Zeitwertersatzgarantie auf die Batterien üblich. Ersetzt wurde dann der ursprüngliche Kaufpreis der Batterie abzüglich einer nach der Nutzungsdauer gestaffelten Summe. Danach ergibt sich der jeweils aktuelle Zeitwert der Batterie.

Zusatzgarantien für Elektrogeräte. Elektromärkte bieten oft zusätzliche Garantien an, zum Beispiel Garantieverlängerungen, die über die zweijährige Gewährleistung hinaus bei Mängeln Reparaturkosten übernehmen. In der Regel lohnen sich diese Zusatzgarantien aber eher für die ausstellenden Versicherungsunternehmen als für die Versicherten. Einen Vorteil bieten erweiterte Garantieverlängerungen, wenn sie Verschleißschäden mit absichern. In den ersten zwölf Monaten nach Kauf sollten Sie aber auf jeden Fall zuerst beim Verkäufer reklamieren, weil die Beweissituation im Rahmen der gesetzlichen Sachmängelhaftung für Sie vorteilhaft ist.

Unser Tipp

Die Garantiezeiten unterscheiden sich von Hersteller zu Hersteller deutlich. Garantiezeiten drücken immer auch ein Vertrauen der Hersteller in die eigenen Produkte aus. Insgesamt ist der Trend zu einer verbesserten Qualität der Komponenten festzustellen. Die Leistungsgarantie auf Solarpanels hat sich zum Beispiel von anfangs 15 Jahren auf einen aktuellen Standard von bis zu 30 Jahren (bei 80 Prozent Nennleistung) gesteigert. Weniger sollten Sie heute nicht mehr akzeptieren.

Heute gibt es auch Vollgarantien, die zwei mögliche Mängel kompensieren sollen: eine Produkt- und eine Leistungsgarantie. Die Produktgarantie bezieht sich in der Regel auf Materialfehler. Die Leistungsgarantie soll die versprochene Batteriekapazität auf Dauer absichern. Achten Sie also auf den genauen Wortlaut der Garantiebedingungen, die sich von Hersteller zu Hersteller deutlich unterscheiden können. Hierzu sollten Sie sich nach Möglichkeit die Garantiebedingungen im Vorfeld durchlesen – sofern sie vor einem eventuellen Kauf schon einsehbar sind. Nach einem eventuellen Kauf verkompliziert sich die Sachlage ungemein.

Kommen bei einer Stecker-Solaranlage Komponenten von verschiedenen Herstellern zum Einsatz, können zum Beispiel die Panels 20 Jahre, die Unterkonstruktion 10 Jahre und der Wechselrichter 5 Jahre Garantiezeit haben. Auch Speichersysteme mit einer Steuerelektronik können aus mehreren Komponenten verschiedener Hersteller bestehen, für die unterschiedliche Garantien gelten.

Wie ist die Situation bei den Stecker-Solargeräten, wie lange geben die Händler Garantie? Pauschale Antworten gibt es hier nicht, weil die Anbieter teilweise enorme Unterschiede aufweisen und für die Einzelkomponenten überdies unterschiedliche Garantiezeiten gelten.

Einige Shops bieten gar keine eigene Garantieleistung, hier gelten die allgemeinen Garantiebestimmungen der jeweiligen Hersteller – diese für alle Komponenten herauszufinden, ist bei der großen Auswahl allerdings gar nicht so einfach. Bei anderen Händlern gibt es lediglich vage Aussagen zur Garantie, Herstellergarantien variieren je nach Produkt von fünf bis zu zwölf Jahren. Für Solarpanels gibt es zusätzlich Leistungsgarantien zum Beispiel über 25 oder auch 30 Jahre mit einem maximalen Schwund der elektrischen Leistung von 0,7 Prozent pro Jahr. Auf Wechselrichter gibt es Herstellergarantien von 12 oder auch 15 Jahren. Bei Batteriespeichern für Balkonkraftwerke geben manche Anbieter 15 Jahre Herstellergarantie.

Widerruf und Umtausch

Je nachdem, ob Sie im Laden oder online einkaufen, gelten unterschiedliche Regeln für Umtausch und Widerruf.

Wir beschreiben im Folgenden, was zu beachten ist und wann man Geld zurück bekommt.

Haben Kundinnen oder Kunden etwas im Laden oder Fachgeschäft gekauft, gilt: Geschäft ist Geschäft. Im Laden hatten Sie immerhin die Möglichkeit, die Ware vor dem Kauf zu prüfen. Der Händler muss die Ware nicht zurücknehmen, wenn Sie es sich später anders überlegen.

Sie sind es vielleicht aber schon gewohnt, dass viele Geschäfte freiwillig zurücknehmen, was bei ihnen gekauft wurde, oder sie tauschen die Ware um. Das erfolgt aber ausschließlich freiwillig als Kulanz der Händlerinnen und Händler, einen rechtlichen Anspruch darauf haben Sie nicht.

Das zu große Solarpanel, den Wechselrichter, die Verkabelung mit falschen Steckern am Tag nach dem Kauf einfach zurückgeben? Selbstverständlich ist das nicht. Umtausch bei bloßem Nichtgefallen ist im Ladengeschäft ein freiwilliger Service.

In vielen Geschäften ist es allerdings üblich, dass Kunden eine Ware selbst dann wieder zurückgeben können, wenn sie doch nicht so passt wie ursprünglich geplant. Normalerweise verlangen Händler als Kaufbestätigung den Bon oder einen anderen Nachweis wie den Kontoauszug, auf dem die Abbuchung vermerkt ist. Gibt ein Geschäft einen Gutschein statt Bargeld heraus, muss die Kundin das, anders als bei einem Mangel, akzeptieren.

Wenn die Ware aber nachweisbar Mängel aufweist, haben Kundinnen und Kunden von Gesetzes wegen einen Anspruch auf Reparatur oder einwandfreie Ersatzware. Kommt der Händler dieser „Nacherfüllung" nicht nach, kann der Kunde vom Kauf zurücktreten. Folge: Er gibt die Ware zurück und erhält den Kaufpreis erstattet.

Im Laden bestimmt der Händler die Regeln. Erlaubt ein Händler kulanterweise den Umtausch, bestimmt er die Bedingungen und Fristen. Es gibt Läden, die noch bis zu vier Wochen nach dem Kauf umtauschen, manchmal sind es nur zwei Wochen. Selbstverständlich ist es auch nicht, dass etwas in einer anderen Filiale derselben Ladenkette zurückgegeben werden kann. Große Ketten akzeptieren das eher. Nachfragen schadet nicht.

Onlinekauf und Garantie

Bei Onlinebestellungen gelten andere Regeln. Wurde die Ware online bestellt, können Kundinnen und Kunden die Bestellung

Passt doch nicht?
Beim Onlinekauf haben Sie ein 14-tägiges Widerrufs- und Rückgaberecht.

ohne Begründung innerhalb von zwei Wochen ab Erhalt der Ware widerrufen. Nach der Widerrufserklärung müssen sie die Ware innerhalb von 14 Tagen an den Händler zurückschicken. Auch bei klassischen Haustürgeschäften und Verkaufspartys gilt übrigens ein 14-tägiges Widerrufsrecht.

Kundinnen, die im Versandhandel kaufen, sind bessergestellt, wenn sie Ware nicht behalten wollen. Eine Bestellung im Internet, per Telefon, Fax, SMS, Postkarte oder per E-Mail können sie innerhalb von 14 Tagen einfach widerrufen und die Ware zurückschicken. Die Frist beginnt ab dem Datum der Lieferung, nicht dem der Rechnung. Sie müssen den Widerruf allerdings eindeutig erklären, meistens per E-Mail. Ware unkommentiert zurückzuschicken, zählt nicht als Widerruf.

Widerrufsrecht

Einige Waren sind vom allgemeinen Widerrufsrecht im Versandhandel aber ausgenommen (Paragraf 312g Bürgerliches Gesetzbuch). Maßangefertigte Ware, die auf individuellen Wunsch des Kunden angefertigt wurde, etwa Vorhänge oder Anzüge nach Maß, können Sie nicht widerrufen. Aber nicht jede Fertigung nach Kundenwunsch ist eine Maßanfertigung. Wer sich zum Beispiel online einen PC aus Standardbausteinen zusammenstellt, kann dennoch widerrufen (Amtsgericht Schönebeck, Urteil vom 24. Oktober 2007, Az. 4 C 328/07; Bundesgerichtshof, Urteil vom 19. März 2003, Az. VIII ZR 295/01). Eine selbst konfigurierte Anlage als Balkonkraftwerk wird ähnlich zu bewerten sein, da sich die einzelnen Bestandteile ohne Aufwand wieder trennen lassen.

Widerrufsrecht bei Haustürgeschäften und Verkaufspartys: Nicht nur beim Onlineshopping gibt es das gesetzlich garantierte 14-tägige Widerrufsrecht, sondern auch bei anderen Verträgen, die außerhalb von Geschäftsräumen des Händlers abgeschlossen werden. Klassisch: Ein Vertreter klingelt an der Haustür und verkauft Ihnen ein Balkonkraftwerk an der Tür oder in Ihren Wohnräumen. Sie können diesen Kauf später ohne Begründung widerrufen.

Sogar beim Kauf eines Personenlifts mit Montage (Kurventreppenlift innen oder Anbaulift außen), bei dem Liftelemente individuell angefertigt werden müssen, greift das 14-tägige Widerrufsrecht, sofern die Bestellung nach dem Besuch eines Vertreters zu Hause (Haustürgeschäft) oder online beziehungsweise telefonisch erfolgt ist (Fernabsatzvertrag).

Und hat der Unternehmer oder die Verkäuferin Sie nicht schon bei der Bestellung über Ihr Widerrufsrecht informiert, besteht die Möglichkeit zum Widerruf sogar 12 Monate und 14 Tage lang (Bundesgerichtshof, Urteil vom 20. Oktober 2021, Az. I ZR 96/20 und Urteil vom 30. August 2018, Az. VII ZR 243/17). In beiden Fällen hat der BGH die Bestellungen der Verbraucherinnen und Verbraucher als Werkvertrag eingestuft (ebenso: Landgericht Nürnberg-Fürth, Az. 7 O 5463/18, Verbraucherzentrale Bundesverband gegen Prima Lift GmbH Nürnberg) und eine Möglichkeit des Unternehmers, das Widerrufsrecht auszuschließen, verneint.

Allerdings können Verbraucher nach einem Widerruf unter Umständen verpflichtet sein, Wertersatz für die Arbeit zu bezahlen, die nach unserem Beispiel der Treppenlift-Händler bis zum Widerruf geleistet hat. War der Lift zum Zeitpunkt des Widerrufs schon eingebaut, bekommt der Kunde zwar den Kaufpreis für den Lift zurück, muss aber unter Umständen die Kosten für die Montage übernehmen (Paragraf 357 Absatz 8 Satz 1 Bürgerliches Gesetzbuch). Analog ließe sich argumentieren, wenn man sein Balkonkraftwerk nicht selbst montiert und angeschlossen hat, sondern der Händler (Verkäufer) auch diese Arbeiten durch eigene Monteure erledigt hat.

Wichtig: Diese für Verbraucherinnen und Verbraucher teure Folge des Widerrufs gilt nur, wenn der Händler bereits bei Vertragsschluss darauf hingewiesen hatte. Hat er das nicht, kann ein Widerruf erfolgen, ohne die Kosten der Montage zu bezahlen. So lag der Fall in der Entscheidung des BGH (Az. VII ZR 243/17) aus dem Jahr 2018.

Das 14-tägige Widerrufsrecht gilt auch für Onlinekäufe, bei denen der Kunde die Ware persönlich im Ladengeschäft des Händlers abholt, zum Beispiel bei einem Baumarkt („Click and Collect"). Entscheidend ist, dass die verbindliche Bestellung der Ware im Wege des Fernabsatzes erfolgt ist, also etwa per E-Mail, per WhatsApp, per Telefon oder online über die Website des Händlers (Paragraf 312c Bürgerliches Gesetzbuch).

Bestellt eine Verbraucherin über derartige Kommunikationsmittel dann verbindlich Ware, steht ihr das Widerrufsrecht zu. Da vielen Ladeninhabern das gar nicht bewusst sein wird, belehren sie ihre Kundinnen und Kunden auch nicht über dieses Recht – mit der Folge, dass der Kauf ab Erhalt der Ware sogar ein Jahr und zwei Wochen lang widerrufen werden kann.

Zu bedenken: Stellt der Ladeninhaber bei einer Warenbestellung des Kunden klar, dass er die Ware bis zur Abholung nur unverbindlich zurücklegt beziehungsweise reserviert, liegt kein Kauf im Fernabsatz vor. Der rechtsverbindliche Kauf kommt dann erst mit Abholung der Ware im Laden zustande. Die Folge: Den Kunden bleibt dann nicht das 14-tägige Widerrufsrecht ohne Angabe einer Begründung.

Widerruf und Kosten

Wer nach einem Widerruf das Porto für die Rücksendung der Ware übernehmen muss, hängt vom Onlineshop ab. Viele, insbesondere große Internethändler, übernehmen das Rückporto. Es gibt aber auch Shops, die sich auf die gesetzliche Regelung berufen, dem Kunden das Rückporto aufzuerlegen. Das ist erlaubt, wenn der Verkäufer die Kundinnen und Kunden vor dem Einkauf auf seiner Internetseite über die Rücksendekosten informiert hat. Bei größeren Käufen lohnt es sich, genau hinzuschauen.

Die Information darüber, wer das Rückporto zu tragen hat, finden Kunden normalerweise in den allgemeinen Geschäftsbedingungen (AGB) des Händlers unter der fett gedruckten Überschrift „Folgen des Widerrufs“. Wenn Sie sich also die Möglichkeit eines kostenfreien Widerrufs sichern wollen, informieren Sie sich auf der Shopseite besser vor dem Klick auf „Kaufen“, wer die Rücksendung bezahlt. Und wenn Sie schon dabei sind: Vor dem Klick auf den Bestellbutton lohnt ein Blick ins „Kleingedruckte“. Dort steht, wo sich der Shop befindet.

Denn es häufen sich Beschwerden von Kundinnen und Kunden, die in vermeintlich deutschen Onlineshops bestellten, dann aber feststellen, dass es sich um einen ausländischen Shop handelte, sodass sie hohe Rücksendekosten zahlen mussten. Befindet sich der Shop etwa in China, können die Kosten für den Rückversand leicht den Gesamtwert der Bestellung übersteigen.

Wird ein Kauf per Versandhandel mit einem Widerruf rückgängig gemacht, müssen Onlinehändler auch die Kosten für den Versand zum Kunden hin zurückzahlen. Diese Hinsendekosten können die Händler den Kunden im Falle eines Widerrufs nicht auferlegen. Eine Klausel wie „Bei Widerruf gibt es den Kaufpreis zurück, die Versandkosten nicht“ ist rechtlich nicht gültig.

Ein paar Besonderheiten bestehen aber: Händler müssen nur das Porto für den Standardversand erstatten. Hat sich die Kundin Ware ausdrücklich per Premium- oder Expressversand zuschicken lassen, werden ihr die Portokosten für diesen Sonderwunsch nicht erstattet.

Ähnlich ist es beim Nachnahmeversand: Hier kassiert die Versandfirma einen Zuschlag – den muss der Händler nicht zurückzahlen. Bietet er jedoch nur die teure Expresszustellung als einzige Versandalternative, muss er die Kosten dafür erstatten.

Rücksendung und Transport

Ein Rückversand ist auch ohne Originalverpackung möglich. Oft ist es sinnvoll, gerade bei zerbrechlicher Ware, die Originalverpackung zu nutzen, um die Ware nach einem

Widerruf an die Händlerin oder den Händler zurückzuschicken. Doch eine rechtliche Pflicht zur Nutzung des Originalkartons gibt es nicht. Manche Händler behaupten, das Widerrufsrecht entfalle, wenn man die Ware nicht in der Originalverpackung zurückschicke. Das stimmt nicht (Oberlandesgericht Frankfurt am Main, Az. 1 U 127/05). Der Händler kann Sie zwar bitten, die Ware in der Originalverpackung zurückzuschicken. Sie verlieren Ihr Widerrufsrecht aber nicht, wenn Sie der Bitte nicht nachkommen (Landgericht Hamburg, Az. 327 O 779/10).

Für Transportschäden haftet der Händler. Selbst wenn ein Händler nachweisen kann, dass er die Ware heil an das Transportunternehmen übergeben hat, haftet er, wenn sie beschädigt ankommt. Verbraucher können einfach eine neue Lieferung fordern. Achtung: Diese käuferfreundliche Regel gilt nicht, wenn jemand etwas von einer Privatperson im Internet, etwa über ein Kleinanzeigenportal, gekauft hat. Hier trägt der Privatkäufer das ganze Transportrisiko, zumindest dann, wenn der Verkäufer einen Einlieferungsbeleg vorweisen kann.

Schickt eine Kundin einen Artikel mit der Originalverpackung zurück und die Ware wird dabei angeblich beschädigt, schließt das ihr Widerrufsrecht beim Onlineeinkauf nicht aus. Der Anspruch auf Rückzahlung des Kaufpreises bleibt also bestehen. Der Händler könnte allerdings von ihr Schadenersatz verlangen, wenn sie die Ware für den Rückversand nicht ordentlich verpackt hatte und dadurch der Schaden entstanden ist. Die Beweislast dafür trägt der Händler. Hat die Kundin für den Rückversand die Originalverpackung des Händlers benutzt, wird ihm dieser Beweis kaum gelingen. Der Schaden kann auch durch das Transportunternehmen entstanden sein. Dafür haften Verbraucherinnen und Verbraucher nicht (Paragraf 355 Absatz 3 Satz 4 Bürgerliches Gesetzbuch).

Erprobung der Ware

Das Ausprobieren ist grundsätzlich erlaubt. Natürlich kann allein dieses Ausprobieren schon zu einem Wertverlust der Ware führen. Immer wieder behaupten Händler, dass wegen des Wertverlusts der Widerruf ausgeschlossen ist. Das stimmt nicht. Natürlich kann ein Händler etwa ein Handy, das ein Kunde ausgepackt, angeschaltet und dann doch wieder zurückgeschickt hat, häufig nicht mehr zum ursprünglichen Preis weiterverkaufen. Doch diesen Verlust hat die Kundin oder der Kunde im Normalfall nicht zu ersetzen. Das hat der Bundesgerichtshof auch in seiner berühmten Wasserbettentscheidung so gesehen (Az. VIII ZR 337/09). Ein Verbraucher hatte übers Internet ein Wasserbett zum Preis von 1265 Euro gekauft, es mit Wasser befüllt und dann darauf zur Probe geschlafen. Anschließend widerrief er den Kauf und schickte das Bett zurück.

Der Händler erstattete seinem Kunden wegen der erheblichen Wertminderung durch Aufbau und Wasserbefüllung des Bettes aber nur 258 Euro vom Gesamtpreis. Um die übrigen 1007 Euro wurde vor Gericht gestritten. Der Bundesgerichtshof sprach dem Kunden schließlich diesen Betrag zu. Zum Ausprobieren eines Wasserbettes gehöre auch, das Bett aufzubauen und zu befüllen.

Tipp: Trotzdem empfehlen wir, bestellte Ware so schonend wie möglich auszuprobieren, um einem Streit mit dem Händler um einen zu ersetzenden Wertverlust der Produkte vorzubeugen.

→ Nur selten Widerrufsrecht bei Messekauf

Wer auf einer Verbrauchermesse etwas kauft, hat oft kein Widerrufsrecht. Denn mobile Stände auf Messen oder Verkaufswagen können rechtlich als „bewegliche Gewerberäume" anzusehen sein. In einem solchen Fall hat der Kunde kein Widerrufsrecht. Es gelten vielmehr die gleichen Regeln wie im Laden.

Hat die Ware durch „übermäßiges Ausprobieren" an Wert verloren, muss die Kundin oder der Kunde diese Wertminderung nur dann ersetzen, wenn der Verkäufer sie oder ihn zuvor auf dieses Risiko hingewiesen hat. Ein solcher Hinweis steht oft in der Widerrufsbelehrung des Shops, die Kunden beim Kauf per E-Mail erhalten (unter „Folgen des Widerrufs"). Ist der Händler dieser Informationspflicht nicht nachgekommen, muss der Kunde den Wertverlust auch bei übermäßiger Nutzung nicht ausgleichen.

Käufe im Ausland

Vorsicht ist angebracht beim Einkaufen im Ausland. Für alle Käufe innerhalb der EU gilt europaweit dasselbe Recht zum Widerruf, hier fallen bei Bestellungen auch keine Gebühren für Zoll und Einfuhrsteuern an. Bei Käufen von Privatpersonen, zum Beispiel über Ebay, gibt es jedoch kein Widerrufsrecht.

Verbraucherinnen und Verbraucher, die außerhalb der EU bestellen, haben es schwerer, wenn ihnen Ware nicht gefällt. In vielen Ländern gibt es kein gesetzliches Widerrufsrecht. Ob Ware zurückgenommen wird, liegt dann im Ermessen des Händlers. Onlineshops erläutern die konkreten Bedingungen meist im Kleingedruckten.

Ausnahme: Der Onlineshop richtet sich direkt an den deutschen Markt. Wirbt der Shop beispielsweise in Deutschland, gibt die Preise in Euro an und gestaltet seine Website auf Deutsch, kann unter Umständen deutsches Recht anwendbar sein, dies ist mitunter jedoch schwer einzuschätzen. Aber selbst wenn deutsches Recht anwendbar sein sollte und ein ausländischer Händler hier sogar erfolgreich verklagt werden könnte, kann das Gerichtsurteil unter Umständen im Ausland sehr schwer durchzusetzen sein.

Außerdem muss bei allen Bestellungen außerhalb der EU mit Zusatzkosten gerechnet werden. Zusätzlich zum Kaufpreis ist in der Regel eine Einfuhrumsatzsteuer in Höhe von 19 Prozent, selten 7 Prozent, zu bezahlen. Wenn Waren inklusive Versand zusammen mehr als 150 Euro kosten, kommt häufig noch Zoll dazu. Da es sich bei den Gebühren um ordentliche Summen handeln kann, lohnt es sich, diese vor der Bestellung einzukalkulieren. Unser kostenloser Zollrechner ermittelt die Abgaben für Sie und erklärt alles, was Sie zum Thema Einfuhrabgaben bei Onlinebestellungen wissen müssen. Einfach auf test.de den Suchbegriff „Zollrechner" eingeben.

Stecker-Kraftwerke im Schrebergarten

Ein bis zwei Solarpanels aufstellen, Stecker einstecken, und schon steht in der Kleingartenlaube tagsüber selbst produzierter „grüner" Strom zur Verfügung? So einfach ist es nicht.

Im Grunde genommen könnte es so einfach sein. Die Sonne lacht, im Kühlschrank liegen frische Getränke, der Akku vom elektrischen Rasenmäher kann mit dem selbst produzierten Strom vom Stecker-Solarkraftwerk geladen werden. Und eine Steckdose ist auch vorhanden, über die man den überschüssigen Strom aus den Photovoltaikpanels ins Netz einspeisen kann. Die Idee vom Kaufen, Aufstellen und Loslegen hört sich so verlockend an.

Doch damit stößt der Laubenbesitzer in der Praxis manchmal auf unerwartete Hindernisse.

Ein solches Hindernis, das auch schon zahlreich für Diskussionen und Ärger sorgt, ist die deutsche Bürokratie, genauer gesagt das Bundeskleingartengesetz (BKleingG). Für wen genau gelten eigentlich diese Gesetze? Das Bundeskleingartengesetz definiert das so:

„(1) Ein Kleingarten ist ein Garten, der

1. dem Nutzer (Kleingärtner) zur nichterwerbsmäßigen gärtnerischen Nutzung, insbesondere zur Gewinnung von Gartenbauerzeugnissen für den Eigenbedarf, und zur Erholung dient (kleingärtnerische Nutzung) und

2. in einer Anlage liegt, in der mehrere Einzelgärten mit gemeinschaftlichen Einrichtungen, zum Beispiel Wegen, Spielflächen und Vereinshäusern, zusammengefasst sind (Kleingartenanlage)".

Im BKleingG heißt es weiterhin in Paragraf 3 Kleingarten und Gartenlaube: „Im Kleingarten ist eine Laube in einfacher Ausführung mit höchstens 24 Quadratmetern Grundfläche einschließlich überdachtem Freisitz zulässig (...). Sie darf nach ihrer Beschaffenheit, insbesondere nach ihrer Ausstattung und Einrichtung, nicht zum dauernden Wohnen geeignet sein." Dieser Absatz hat praktische Konsequenzen, denn was gehört zum „dauernden Wohnen"?

Man darf auf seiner Parzelle schon eine Strom- und Wasserversorgung haben, aber die Anschlüsse sind gemäß den Vorschriften streng genommen nur außerhalb der einzelnen Lauben zulässig.

Änderungen in und an der eigenen Laube, die darauf abzielen, dass sie zum langfristigen Bewohnen geeignet werden, sind damit von Gesetzes wegen klar untersagt.

Anders verhält es sich in vielen Kleingartenanlagen der ehemaligen DDR sowie in Berlin, Bremen und Hamburg. Dort wurden Schrebergärten in vielen Fällen schon bei der Errichtung mit einem Stromanschluss in jeder Laube ausgestattet. In den Anlagen, in denen die Parzellen jeweils über einen eigenen Stromanschluss verfügen, werden diese vom verantwortlichen Verein, Verband oder dem Pächter versorgt. Die Lauben in diesen Gärten müssen nicht verändert werden, es gilt Bestandsschutz.

In anderen Kleingartenanlagen gibt es gar keinen Netzanschluss bis zu den einzelnen Lauben. Und da, wo es eine zentrale Stromverteilung gibt, ist es schwierig bis unmöglich, einen individuellen Stromanschluss mit eigenem Stromzähler zu installieren. Die elektrische Infrastruktur ist dort meist nicht auf die einzelnen Parzellen, sondern auf die gesamte Kleingartenanlage ausgelegt. Es gibt dort beispielsweise für den gesamten Stromkreislauf nur einen zentralen Stromzähler. Individuelle Stromanschlüsse würden für den Verantwortlichen beziehungsweise Betreiber der Kleingartenanlage einen hohen Verwaltungsaufwand bedeuten, was die Akzeptanz nicht gerade befördert.

Neue rechtliche Grundlage

Um die rechtlichen Grundlagen für die Installation von Stecker-Solaranlagen zu klären, hat der Bundesrat im Oktober 2023 einen neuen Gesetzentwurf für das Bundeskleingartengesetz verabschiedet. Der Entwurf liegt seitdem der Bundesregierung vor, die dazu eine Stellungnahme abgeben wird, ehe die Gesetzänderung vor den Bundestag geht. Dieser Entwurf beinhaltet folgenden Satz: „Photovoltaikanlagen bis zu einer installierten Leistung von einschließlich 800 Watt sind zur Eigenversorgung des Kleingartens zulässig." Also grünes Licht für die Kleingärtner? Nicht wirklich.

PV-Anlage auf dem Laubendach?
In vielen Kleingartenkolonien ist das Balkonkraftwerk schwieriger in Betrieb zu nehmen als gedacht.

Im Gesetzentwurf wird von einer „installierten Leistung“ von 800 Watt gesprochen. Diese würde sich definitionsgemäß auf die Leistung der Solarpanels beziehen und die theoretische Höchstleistung (in $Watt_{Peak}$) beschreiben. Entscheidend ist jedoch die maximal abgegebene Wechselstromleistung (AC-Leistung), die durch den Wechselrichter gesteuert wird. Das ist so gut wie immer weniger als die installierte Leistung der Photovoltaikmodule.

Außerdem wurde im verabschiedeten Solarpaket der Bundesregierung festgelegt, dass Mini-PV-Anlagen seit 2024 eine installierte Leistung von 2000 $Watt_{Peak}$ (W_P) und eine Wechselstromleistung von 800 Watt haben dürfen. Im Bundeskleingartengesetz (BKleingG) bleibt die Grenze bisher deutlich darunter. Viele Gartengeräte benötigen auch deutlich mehr Strom, als mit einer Panelleistung von bis zu 800 W_p erreicht werden kann. Damit wäre ein Balkonkraftwerk für Kleingärtnerinnen und -gärtner nur wenig nützlich, außer man kombiniert die Photovoltaik mit einer aufladbaren Powerstation (siehe ab Seite 156).

Insel-Solaranlagen

Wie ist das – rein rechtlich – eigentlich mit Insel-Solaranlagen, die schon lange unabhängig vom allgemeinen Stromnetz funktionieren? Sie sollten sich doch perfekt für „abgelegene“ Orte ohne Anschluss an das Stromnetz – wie Schrebergärten – eignen. Wenn man diese selbstständigen Solarkraftwerke jetzt auch zu den Balkonkraftwerken zählt, könnte sich für Inselanlagen auch die 800-W_p-Begrenzung ergeben, die hier technisch gar keinen Sinn ergeben würde. Damit wären dann auch diese Anlagen für viele Gartengeräte nicht mehr leistungsstark genug.

Und noch eine Vorschrift aus dem Solarpaket der Bundesregierung ist hier wenig sinnvoll:

Schrebergärten, die über einen zentralen Stromanschluss für die ganze Anlage verfügen, haben oft auch nur einen Stromzähler. Wer sich jetzt an die Norm des Verbands der Elektrotechnik Elektronik Informationstechnik e. V. (VDE) halten will, darf theoretisch pro Stromzähler nur ein Balkonkraftwerk mit 800 Watt Wechselstromleistung anschließen. Da, wo mehrere Parzellen in einer Kleingartenanlage sind – also nahezu überall –, würde das vermutlich erhebliche Diskussionen unter den Parzellennutzern auslösen: Wer darf den Stromanschluss dann nutzen? Das ist natürlich nicht vorstellbar.

Nach dem neuen Entwurf für das Bundeskleingartengesetz soll die Photovoltaikanlage „zur Eigenversorgung des Kleingartens" sein, also dürfte nur der Besitzer der Mini-PV-Anlage selbst den produzierten Strom nutzen. Das steht im Widerspruch zum aktuellen Solarpaket der Bundesregierung, in dem von einer „gemeinschaftlichen Eigenversorgung" gesprochen wird. Demnach dürften mehrere Personen und nicht nur die Besitzerin oder der Besitzer des Balkonkraftwerks den selbst erzeugten Strom nutzen. Welche Grundlage gilt denn dann rechtlich?

Und selbst wenn sich jetzt jeder Kleingartenpächter ein Stecker-Solarkraftwerk auf die Laube stellt oder legt, gibt es technische Hürden, die neue Installationen erfordern. Je nach Größe der Gartenanlage muss die Elektrik des Stromversorgers angepasst werden. Wenn eine Kleingartenanlage zum Beispiel 100 Parzellen hat, kommen da zu Spitzenzeiten dann 80 Kilowatt (100 Parzellen x 800 $Watt_p$) elektrische Leistung zusammen. Bei dieser Leistung braucht es technische Vorrichtungen, damit der Netzbetreiber bei Bedarf die Stromerzeugung per Fernsteuerung reduzieren oder abschalten kann.

Wie ist nun der Stand der Dinge im September 2024? Balkonkraftwerke und Inselanlagen sind in Kleingartenanlagen (Schrebergärten) gesetzlich grundsätzlich erlaubt. Im Sinne der Gemeinschaft sollten Sie sich pro forma auf einer ordentlichen oder auch außerordentlichen Mitgliederversammlung die Zustimmung der anderen Parzelleneigentümer zur Errichtung einer Mini-PV-Anlage einholen, wenn die technischen Gegebenheiten das zulassen.

Einige Städte, Gemeinden und Bundesländer fördern sogar von sich aus aktiv die Stecker-Solargeräte in Kleingartenanlagen. In Berlin sind Schrebergärten seit Oktober 2023 in seinem Förderprogramm für Photovoltaik mit eingeschlossen. Dort erhalten Laubenpieper einen Zuschuss in Höhe von 500 Euro.

So bietet die Investitionsbank Berlin in ihrem Förderprogramm für Photovoltaik ein „Modul E", das den Kauf und die Anwendung von Stecker-Solargeräten unterstützt und sich seit dem 1.10.2023 neben Mieterinnen und Mietern der Hauptstadt auch an Eigentümerinnen und Eigentümer mit Selbstnutzung der Immobilie und explizit auch an Pächter von Klein- und Erholungsgärten wendet. Die Investitionskosten für ein Steckersolargerät (Module inklusive einem Wechselrichter) werden so mit maximal 500 Euro gefördert. Batteriespeicher von Steckersolargeräten werden im Förderprogramm SolarPlus allerdings nicht berücksichtigt.

Versicherungen

Bei der Absicherung der Anlage muss man unterscheiden zwischen den Kosten einer Beschädigung des Balkonkraftwerks und den Gefahren, die von der Anlage ausgehen können.

In der Regel ist ein Balkonkraftwerk – zumindest in neuen Verträgen – in der Hausratversicherung eingeschlossen. Bei alten Verträgen sollten Sie mit Ihrem Versicherer Kontakt aufnehmen und sich das schriftlich bestätigen lassen; auch zu welchen Konditionen die Photovoltaikkleinanlage versichert ist.

Ist das Balkonkraftwerk fest mit dem Gebäude verbunden, kann das auch ein Fall für die Wohngebäudeversicherung sein.

Geht von dem Balkonkraftwerk eine Gefahr für andere Menschen oder Güter aus, zum Beispiel wenn ein Solarpanel bei einem Sturm aus der Befestigung gerissen wird, auf den Bürgersteig oder die Straße fällt und ein Auto beschädigt oder einen Menschen verletzt, greift eine private Haftpflichtversicherung.

Die Hausratversicherung

Vor allem Balkonkraftwerke mit Ständern für die Aufstellung im Garten oder auf dem Garagendach sind bei Langfingern beliebt. Diese sind oft nicht fest montiert und lassen sich somit sehr leicht stehlen. Aber auch wenn die Anlagen auf dem eigenen Balkon installiert werden und nicht ausreichend befestigt sind, können Diebe diese nachts recht einfach unbemerkt abschrauben und mitnehmen. Eine Möglichkeit, die Balkonkraftwerke zu sichern, besteht darin, bei der Montage Spezialschrauben zu verwenden, die nur mit speziellem Werkzeug geöffnet werden können, nicht jedoch mit handelsüblichen Kreuzschlitz-, Inbus- oder Sechskantschraubenschlüsseln.

Die gute Nachricht für die Betreiber von Balkonkraftwerken: Eine spezielle Photovoltaikversicherung ist für derartige Kleinanlagen nicht erforderlich. Die übliche Hausratversicherung schließt die Absicherung von Stecker-Solaranlagen mit ein.

Seit November 2023 wurden die Musterbedingungen für die Hausratversicherung durch den Gesamtverband der Versicherer (GDV) entsprechend erweitert. Wer also eine neue Hausratversicherung abschließt und bereits ein Balkonkraftwerk hat oder sich eines anschafft, kann davon ausgehen, dass die Anlage mit versichert ist. Mit einer Hausratversicherung ist das Balkonkraftwerk so wie der übrige Hausrat unter anderem gegen Einbruch/Diebstahl, Sturm, Hagel, Feuer und Überspannungsschäden durch Blitzschläge versichert.

Starken Schutz für den Hausrat gibt es schon ab 38 Euro

Anbieter	Tarif	Jahresbeiträge für unseren Modellhaushalt (Euro)			
		Günstiger Ort: 85049 Ingolstadt (ohne EV)	Günstiger Ort: 85049 Ingolstadt (mit EV)	Teurer Ort: 27576 Bremerhaven (ohne EV)	Teurer Ort: 27576 Bremerhaven (mit EV)
Alteos1)	Silber	51	80	74	104
Axa	M	62	97	74	106
Degenia2)	Premium T22	43	70	91	118
Huk24	Basis @	48	61	93	106
Janitos	Balance	45	57	124	136
LBN	Gut	57	76	84	103
Schleswiger	Top	38	52	69	83
Waldenburger	Premium	52	63	127	138

Reihenfolge nach Alphabet. EV = Elementarversicherung. @ = Abschluss nur über Internet. 1) Risikoträger ist Axa. 2) Risikoträger ist Alte Leipziger. Die Beiträge sind kaufmännisch gerundet und enthalten die Versicherungssteuer. Unsere Auswahl zeigt die günstigsten Tarife von Hausratversicherungen, die die Finanztest-Qualitätskriterien erfüllen. Mehr zu unserem Modellhaus unter test.de/hausratversicherungen/methodik.
Stand: Februar 2024.

Das Wichtigste bei bestehenden Verträgen zur Hausratversicherung ist: Sprechen Sie vor der Montage des Balkonkraftwerks mit Ihrem Hausratversicherer und fragen Sie nach, ob Ihr bestehender Vertrag die Risiken durch die Solaranlage mit einschließt beziehungsweise abdeckt und mit welcher maximalen Schadensumme. Lassen Sie sich das schriftlich bestätigen.

Vielleicht müssen Sie Ihre alte Police an die neuen Bedingungen anpassen lassen. Oder Sie schließen bei der Gelegenheit gleich einen neuen Vertrag zu besseren Konditionen ab. Manchmal lohnt es sich finanziell, gleich in einen neuen, günstigeren und zusätzlich leistungsstärkeren Tarif zu wechseln.

→ So prüfen Sie Ihren Altvertrag

Unterversicherungsverzicht. Passt Ihre Versicherungssumme noch? Oft kommen über die Jahre hochwertige Anschaffungen hinzu. Am besten prüfen Sie den Wert Ihres Hausrats mithilfe einer Inventarliste. Zusätzlich empfehlen wir, in der Hausratversicherung den pauschalen Unterversicherungsverzicht zu vereinbaren.

Wertsachen. In den meisten Policen sind Wertsachen nur bis 20 Prozent der Versicherungssumme geschützt, Schmuck bis 30 000 Euro, Wertpapiere und Sparbücher bis 5 000 Euro. Vereinbaren Sie dann höhere Grenzen oder achten Sie von vornherein auf einen Vertrag mit umfangreicheren Leistungen.

Kürzung. In vielen alten Verträgen darf der Versicherer bei grober Fahrlässigkeit seine Zahlung kürzen. Wir raten, den Vertrag umzustellen und dies auszuschließen.

Weitere Naturgefahren. Den zusätzlichen Elementarschutz haben viele Altverträge nicht mit eingeschlossen. Besonders Starkregen kann überall auftreten. Wertvoller Hausrat im Keller, zum Beispiel ein ausgestatteter Partyraum, kann dabei schwer beschädigt werden. Aber auch bei einer Überschwemmung wird nicht nur das Haus, sondern auch das, was darin ist, beschädigt, vor allem in unteren Geschossen. Ohne diesen Zusatzschutz gibt es dann keinen Ersatz.

Extraleistungen. Prüfen Sie auch mögliche Zusatzleistungen auf ihren realen Nutzen. Wenn Sie oft auf Reisen sind, möchten Sie vielleicht Schutz bei Einbruch in das Hotelzimmer. Campingurlauber wollen den Einbruch in ein an der Straße geparktes Auto versichert wissen. In neueren Tarifen ist dies oft ohne Aufpreis enthalten. Und wenn Sie sich vor Kurzem teure E-Bikes angeschafft haben, macht ein Zusatzschutz „Fahrrad" mit angepasster Versicherungssumme Sinn.

Beachten Sie hierbei , dass für die Versicherungssumme der Neuwert der Sachen zählt. In der Praxis ist das häufig der Betrag, den diese beim Kauf gekostet haben. Entscheidend ist also nicht der aktuelle Zeitwert, der mit zunehmendem Alter der Gegenstände immer weiter unter Neuwert liegt.

Liegt ein Schaden vor, sollten Sie den umgehend der Versicherung melden, einen Einbruch und Diebstahl auch bei der Polizei. Zur Beweissicherung machen Sie Fotos der Situation, wie Sie sie vorgefunden haben. Darüber hinaus unterlassen Sie möglichst alles, was Spuren eines Einbruchs und/oder Diebstahls beseitigen oder verfälschen könnte, und warten Sie, dass die Polizei die Beweissicherung abgeschlossen hat.

Beschädigte Gegenstände bewahren Sie bitte auf, damit der Versicherer sie vor Ort begutachten kann. Also ein kaputtes Solarpanel nicht gleich entsorgen oder austauschen, sondern eine Entscheidung des Versicherers abwarten.

Im Schadensfall ersetzt die Hausratversicherung den jeweils aktuellen Wiederbeschaffungswert. Der ist häufig gleichzusetzen mit dem Neupreis. Bei technischen Geräten kann das überraschende Folgen haben. Im Versicherungsfall müssen Sie in der Wertermittlung für die beschädigten oder gestohlenen Gegenstände zwar den ursprünglichen Kaufpreis eintragen. Es kann nun aber sein, dass der Versicherer bei der Schadensregulierung weniger Wert anerkennt als den damaligen Anschaffungspreis. Das liegt am rasanten technischen Fortschritt. Das kann Ihnen beim Diebstahl oder der Zerstörung eines Stecker-Solarkraftwerks auch passieren, da die Anlagen mit vergleichbarer Leistung und Ausstattung in den letzten zwei bis drei Jahren deutlich günstiger geworden sind.

Wir haben in unserem Test (Stand Mai 2024) 253 Tarife für Hausratversicherungen von 89 Anbietern verglichen. Die Preise und Leistungen für die Policen gehen weit auseinander. Teure Tarife kosteten mehr als sechsmal so viel wie günstige. Die meisten Gesellschaften bieten mehrere Tarifvarianten an. Die teuren Angebote heißen oft „Komfort", „Plus" oder „Premium". Lassen Sie sich dadurch nicht verwirren .

Die günstigen Basistarife umfassen den Grundschutz, der für die meisten Kunden schon ausreicht. Dieser Schutz deckt die relevanten Schäden ab. Viele Basistarife versichern auch Überspannungsschäden ohne Aufpreis mit. Sie entstehen zum Beispiel, wenn Blitze eine Überlandleitung treffen und dadurch im Stromnetz Spannungsspitzen auslösen, durch die Elektrogeräte beschädigt werden können. Ihr Balkonkraftwerk ist ja im Betrieb mit dem Hausnetz Ihres Haushalts verbunden.

Wohngebäudeversicherung

Die kleinen Stecker-Solaranlagen können auch fest mit dem Gebäude, Dach oder einer Garage verbunden sein. Ob das dann noch in der Hausratversicherung eingeschlossen ist oder ob hier die Wohngebäudeversicherung zuständig ist, sollten Sie mit den Versicherungsgesellschaften klären, bevor ein Schaden eintritt.

In der Wohngebäudeversicherung mitversichert sind grundsätzlich alle Gebäude, die im Versicherungsschein aufgeführt sind. Neben dem versicherten Wohnhaus können das zum Beispiel sein: Nebengebäude, Garagen und Carports, Gartenhäuser und Geräteschuppen. Diese Nebengebäude sind gegen alle Gefahren versichert, die in Ihrem Vertrag genannt sind.

Unsere Empfehlung: Melden Sie ein fest installiertes Balkonkraftwerk trotzdem bei Ihrem Versicherer nach. Sicher ist sicher.

Im Oktober 2024 hat Finanztest 182 Tarife von 67 Anbietern untersucht. Mehr als die Hälfte der Angebote überzeugte mit sehr guten Konditionen – 57 Policen mussten wir jedoch auch mit der Note Mangelhaft bewerten, da wir sie im Umfang für unzureichend hielten. Die besten Tarife für ein Modellhaus in Thüringen inklusive Elementarschutz kosteten ab 543 Euro; für ein Modellhaus in Rheinland-Pfalz waren für die besten Policen mit Vierfachschutz ab 624 Euro fällig.

Unser Tipp: Wählen Sie nur einen Tarif, der grobe Fahrlässigkeit mit einschließt. Das ist aus unserer Sicht so wichtig, dass wir einen Tarif, der diesen Zusatz ausschließt, als mangelhaft bewerten.

Private Haftpflichtversicherung

Hier geht es nicht um Beschädigungen Ihres Eigentums, sondern um Schäden, die durch Ihr Stecker-Solarkraftwerk verursacht werden. Geschädigt werden können das Eigentum anderer Menschen oder andere Personen selbst durch eine Verletzung.

Löst sich zum Beispiel ein Solarpanel durch einen Windstoß und beschädigt den Balkon der unter Ihnen lebenden Nachbarn, ist das ein Fall für Ihre private Haftpflichtversicherung. Teurer wird das in der Regel schon, wenn das Solarpanel vor dem Haus auf den Bürgersteig stürzt und eines der vor dem Haus parkenden Autos beschädigt oder dort einen Passanten verletzt.

Erleidet eine Person eine schwere Verletzung und bleibende Schäden, reicht das Vermögen des Verursachers meist nicht aus, um Schmerzensgeld, Verdienstausfall und Behandlungskosten jenseits der Krankenversicherung zu bezahlen.

Die Versicherungssumme ist der Betrag, den der Versicherer für einen Schaden maximal zahlt. Sie sollte deshalb mindestens 10 Millionen Euro pauschal für Sach- und Personenschäden betragen, auch bei nur einer geschädigten Person. Haben Sie eine Privathaftpflichtversicherung, bekommt das Opfer auf jeden Fall wenigstens finanziell eine vollständige Entschädigung.

In Deutschland hat nach mehreren Erhebungen etwa jeder Fünfte keine eigene Haftpflichtversicherung. Wegen der Höhe der potenziellen Schadensummen – insbesondere, wenn Menschen verletzt werden – halten wir die private Haftpflichtversicherung aber für unentbehrlich.

Finanztest hat im April 2024 426 Familientarife mit Privathaftpflichtschutz von 98 Versicherern untersucht. Berücksichtigt wurden nur Angebote von Jahresverträgen mit mindestens 10 Millionen Euro Versicherungssumme pauschal für Personen- und Sachschäden.

Angebote mit Selbstbeteiligung empfehlen wir nicht. Bei solchen Tarifen zahlen Sie jeden Schaden, der bis zur Höhe der Selbstbeteiligung geht, vollständig selbst und müssen auch bei größeren Schäden stets die Selbstbeteiligung selbst zahlen. Der Vergleich zeigte, dass die Ersparnis bei den Tarifen dagegen recht gering ist. Sehr gute Angebote ohne Selbstbeteiligung gibt es schon ab 49 Euro im Jahr für die ganze Familie. Das günstigste Angebot mit der Note Sehr gut (0,6) kostet 81 Euro (SDK Neva Plus).

Im Anhang (siehe Seite 170/171) finden Sie die Ergebnisse der Untersuchung vom April 2024. Unter test.de/haftpflicht finden Sie einen laufend aktualisierten Vergleich von aktuell über 400 Tarifen.

Fördermöglichkeiten

Da bei der Erweiterung der Photovoltaikkapazitäten in Deutschland auch Balkonkraftwerke in der Menge einen spürbaren Effekt haben, ist die Lage bei diesem Thema sehr dynamisch.

Bundesweite Förderprogramme für Balkonkraftwerke gibt es aktuell (Stand: September 2024) nicht. Da es aber im politischen Interesse ist, die private und dezentrale Produktion elektrischen Stroms in den Haushalten zu fördern, hat der Bund beim Kauf einer Balkon-Solaranlage die Mehrwertsteuer von 19 Prozent gestrichen. Dadurch wurden Balkonkraftwerke theoretisch um 19 Prozent günstiger. Das soll bis 2026 gelten. Offenbar nutzten das manche Händler zunächst, indem sie diese steuerliche Entlastung beim Verkauf nicht weitergaben. Als Käuferin oder Käufer sollten Sie deshalb darauf achten, ob die Anbieter von Mini-PV-Anlagen ihre Produkte direkt mit null Prozent Mehrwertsteuer ausweisen ... und nach dem Kauf prüfen, ob der identische Preis so auch in der Rechnung steht.

Der Wegfall der Mehrwertsteuer gilt bei den Balkonkraftwerken übrigens auch für Bauteile und Halterungen, Anschlusskabel und Messgeräte. Es kann sich also lohnen, wenn Sie das notwendige Zubehör bei dem Anbieter der Anlage gleich mitbestellen.

Zusätzlich zu dieser „Kaufpreisinitiative" des Bundes haben aber einige Bundesländer wie Berlin, Mecklenburg-Vorpommern und Schleswig-Holstein sowie viele Städte und Gemeinden Förderprogramme für diese Investitionen in den Klimaschutz aufgelegt. Da lohnt es sich, bereits vor der Anschaffung eines Balkonkraftwerks gezielt nach Förderungen für Stecker-Solaranlagen zu recherchieren.

Das Land Schleswig-Holstein hat zum Beispiel die Richtlinie zur Förderung von Photovoltaik-Balkonanlagen im Rahmen des Förderprogramms „Klimaschutz für Bürgerinnen und Bürger" vom 3. Juli 2023 aufgelegt. Sie gilt bis 31. Dezember 2026.

Allerdings heißt es dort noch: „PV-Balkonanlagen im Sinne dieser Richtlinie sind steckerfertige Photovoltaik-Anlagen zur Umwandlung von solarer Strahlungsenergie in elektrischen Strom mit einer Mindestleistung von 250 W und einer Höchstleistung von 600 W (Wechselrichterleistung)." Hier ist also noch die alte Definition vorgegeben, wonach die aktuelle Höchstgrenze für Wechselrichter von 800 Watt noch nicht berücksichtigt ist.

Und in den Zuwendungsvoraussetzungen stehen noch die veralteten Anmeldebedingungen im Text, also Anmeldung beim zuständigen Netzbetreiber und zusätzlich im Marktstammdatenregister. Inzwischen ist die Anmeldung beim Netzbetreiber ja nicht mehr vorgeschrieben.

Auch der Kauf beziehungsweise die Verwendung gebrauchter Gegenstände (also zum Beispiel alter Solarpanels) werden nicht gefördert. Zubehörteile und Umbausätze sind auch ausgenommen. Eigentlich ein Widerspruch zum Gedanken der Nachhaltigkeit und Ressourcenschonung.

Die Höhe der Zuwendungen beläuft sich regulär bis auf 200 Euro. Für bedürftige Zielgruppen wie Bürgergeldempfänger kann es einen zusätzlichen Zuschuss von 150 Euro geben. Allerdings kann der Förderbetrag auch gedeckelt sein. Schleswig-Holstein begrenzt das so: „Insgesamt darf die Förderung 50 % der förderfähigen Gesamtkosten – das sind hier Anschaffungskosten sowie die Installations- bzw. Anschlusskosten – nicht übersteigen."

Das Antrags-, Bewilligungs- und Auszahlungsverfahren wird dann in 14 Punkten ausführlich dargestellt.

So wird auch darauf hingewiesen, dass für die Antragstellung während der Laufzeit dieser Richtlinie (Ende 2026) online auf der Anmeldeseite in regelmäßigen Abständen Antragszeitfenster mit definierten Fördervolumina zur Verfügung gestellt werden. Sobald die Fördersummen pro Antragszeitraum und Fördergegenstand aufgebraucht sind, können Sie keinen Antrag in diesem Förderzeitraum mehr stellen, Sie gehen dann leer aus.

Unser Tipp

Wenn Sie von einer Fördermaßnahme profitieren wollen, können wir nur raten: erst informieren, dann kaufen. Manchmal ist Bedingung für eine Zusage, dass das Balkonkraftwerk noch nicht gekauft wurde. Wir empfehlen also: Aktuelle Förderbedingungen klären, dann den Antrag stellen und schließlich erst kaufen, wenn die Zusage da ist.

Was macht zum Beispiel die Stadt München im Süden Deutschlands? Die Stadtwerke München geben auf ihrer Homepage an, dass der Kauf und die Installation von steckbaren Photovoltaik-Stromerzeugungsgeräten, die den Sicherheitsstandard der Deutschen Gesellschaft für Sonnenenergie (DGS) erfüllen, bis zu einer Leistung von 800 $\text{Watt}_{\text{Peak}}$ (W_P) je Wohneinheit gefördert werden. Es sollen 40 Cent je W_P (50 Cent je W_P für München-Pass-Inhaber) und maximal 800 W_P je Wohneinheit gefördert werden, aber maximal 50 Prozent der förderfähigen Investitionskosten. Festgeschrieben ist das im Münchner Förderprogramm Klimaneutrale Gebäude seit 28.9.2023. Zu einer Zeit, zu der Balkonkraftwerke gesetzlich bereits 2000 W_P haben dürfen, verwundert die Beschränkung auf 800 W_P pro Wohneinheit.

Anlage zusammenstellen und kaufen

Das Wichtigste vor einem Kauf ist wie immer eine gute Bedarfsermittlung. Welches Balkonkraftwerk ist für mich geeignet? Wir haben die Komponenten gründlich geprüft. Hier erfahren Sie, worauf Sie beim Kauf achten müssen.

Das mindeste Ziel für ein Balkonkraftwerk ist wohl, den Grundstrombedarf des Haushalts mit der Einspeisung von Solarenergie ins eigene Stromnetz möglichst komplett abzudecken. Selbst produzierter Strom, den man im Haushalt gerade nicht braucht, soll zudem nicht kostenfrei ins öffentliche Netz abfließen.

Sie haben sich ja schon einen Eindruck von den Stromverbrauchern in Ihrem Haushalt verschafft und kennen im Idealfall durchschnittliche Tagesprofile für alle Monate oder zumindest für die vier Jahreszeiten. In einer Wohnung ist die Grundlast erfahrungsgemäß etwas geringer als im Einfamilienhaus. Zu den größeren Verbrauchern, die zur Grundlast beitragen können, zählen zum Beispiel eine Wärmepumpe, die in der kalten Jahreszeit permanent heizt und auch nachts läuft, oder ein großes Aquarium, dessen Pumpen, Beleuchtung und Heizung auch nachts durchlaufen.

Wenn ein Teil dieses Strombedarfs durch selbst erzeugten Strom bedient werden kann, spart das zusätzliche Zahlungen an den Stromversorger ein.

Den aktuellen Stromverbrauch ermitteln

Die meisten Menschen sind es gewohnt, dass sie erst nach Ablauf eines Jahres ihren echten Stromverbrauch und die Kosten dafür erfahren. Das ist technisch eigentlich überholt.

Den Stromverbrauch einiger häufig vorkommender Geräte im Haushalt zeigt die Grafik zum Abschnitt „Leistung und Ertrag“ auf Seite 60. Das sollte Ihnen ein Gefühl dafür geben, wie die Leistung eines typischen Balkonkraftwerks etwa einzuordnen ist.

Ihren aktuellen Stromverbrauch können Sie verhältnismäßig einfach anhand der letzten Abrechnungen Ihres Stromversorgers bestimmen, wobei die Schwankungen von Monat zu Monat aufschlussreich sein dürften.

Welche Geräte aber wie viel Strom verbrauchen und wie sich der Stromverbrauch bei Ihnen im Lauf eines durchschnittlichen Tages ändert, können Sie so nicht herausfinden. Von diesen Daten hängt aber ab, welche Photovoltaikanlage und welche Ausrichtung der Panels an Ihrem Ort und bei Ihrem Verbrauchsprofil den besten Nutzen verspricht.

Mit einem einfachen Strommessgerät, das Sie zwischen dem Verbraucher (das Gerät) und der Steckdose platzieren, können Sie den Stromverbrauch dieses einen Geräts messen. Strommessgeräte eignen sich allerdings nicht dazu, den (Haus-)Stromzähler zu prüfen. Die Messgeräte erfassen nur den Verbrauch von Elektrogeräten mit Stecker. Fest installierte Geräte wie Herd und Beleuchtung bleiben außen vor.

Wie gut arbeiten Strommessgeräte für die Steckdose? Kann man sich auf die Messergebnisse verlassen? Diesen Fragen sind wir in unserem Test von Strommessgeräten (test 12/2022) nachgegangen. Untersucht haben wir dabei 15 Geräte aus zwei Gruppen:

- Bei klassischen digitalen Strommessgeräten lassen sich die Messergebnisse auf einem Display direkt am Gerät ablesen. Gut: Manche Modelle haben beleuchtete Displays. So sind Messergebnisse auch bei schlechten Lichtverhältnissen zu erkennen. Sie sind oft günstiger als smarte Steckdosen, die dafür aber mehr Funktionen bieten.
- Smarte Strommessgeräte mit Datenübertragung in eine App. Die Messergebnisse lassen sich in der Regel auf dem Smartphone einsehen, manchmal

Auf dem Display
Einfaches Steckermessgerät für die Steckdose. Die Leistungswerte sind auf dem Display abrufbar.

auch am Computer – ein Display am Gerät selbst gibt es nicht.

Ergebnis: Qualität muss nicht viel kosten, gute Messergebnisse liefern schon Modelle ab 9 Euro, sehr gute Messgenauigkeiten bei geringem Stromverbrauch gab es für 15 bis 20 Euro beim X4-Life Inspector III Energiekosten-Messgerät und beim Brennenstuhl PM 231 E DE 3655.

Doch nicht auf alle ist Verlass. Kritik gab es vor allem bei der Handhabung. So haben nicht alle smarten Modelle mit jedem beliebigen Router funktioniert. Prüfen Sie deshalb beim Kauf die Kompatibilität, wenn Sie sich für smarte Steckdosen entscheiden.

Hierzu noch einige Tipps, wie Sie bei den Messungen am besten vorgehen:

- **Strompreis speichern.** Wenn Sie Ihren Strompreis im Messgerät speichern, zeigt das Gerät nicht nur den Verbrauch, sondern auch die Kosten an. Ihren Strompreis finden Sie auf Ihrer letzten Rechnung.
- **Kurz warten.** Schalten Sie das Elektrogerät bereits einige Minuten vor der Messung ein. Viele Elektrogeräte haben eine Warmlaufphase, sie brauchen kurz nach dem Anschalten mehr Strom. Die Wartezeit macht Ihre Messwerte verlässlicher.
- **Lange messen.** Bei vielen Elektrogeräten hängt der Verbrauch von der Nutzung ab, beim Computer etwa, beim Fernseher oder DVD-Rekorder. Auch der Kühlschrank verbraucht tagsüber, wenn er mehrmals geöffnet wird, mehr Strom als in der Nacht. Messen Sie den Stromverbrauch dieser Geräte über einen längeren Zeitraum. Etwa eine Woche. Das gibt verlässliche Durchschnittswerte.
- **Zyklus messen.** Auch bei Waschmaschine, Trockner und Geschirrspüler bringt eine einzelne Messung nicht viel. Messen Sie einen Zyklus über eine oder zwei Wochen. Das sorgt für verlässliche Verbrauchswerte.

Es geht heute aber noch komfortabler. Steckdosen mit Messfunktion und einer WLan-Verbindung zu einer App auf dem Smartphone oder Tablet senden die Ver-

Messwerte auf dem Smartphone oder Tablet
Steckdose mit Messfunktion und WLan-Verbindung zu einer App. Smartphone oder Tablet sind hier zwingend notwendig.

brauchsdaten übersichtlich aufbereitet auf den Bildschirm.

Der Haken dabei: Mit diesen Strommessgeräten kann man immer nur den Stromverbrauch eines einzelnen Geräts messen und darstellen.

Sie müssen es aber nicht übertreiben und jetzt jeden elektrischen Verbraucher im Haushalt mit einer Messsteckdose ausstatten. Wichtig ist, dass Sie vor allem die starken Verbraucher beziehungsweise „Stromfresser" erfassen und insbesondere festhalten, zu welchen Zeiten diese normalerweise im Betrieb sind.

So kann ein alter Kühlschrank mit 200 Litern Volumen bis zu 300 Kilowattstunden im Jahr verbrauchen, was bei 40 Cent/kWh Kosten von 120 Euro im Jahr ausmachen kann, nur für den einen Kühlschrank. Ein neuer Kühlschrank mit der Energieeinstufung „F" braucht nur noch ein Drittel des Stromes für die gleiche Kühlleistung, belastet das Konto also nur mit 40 Euro pro Jahr.

Genauso wichtig ist es, festzuhalten, zu welchen Zeiten diese starken Verbraucher normalerweise im Betrieb sind. Damit können Sie dann zum Beispiel für jeden Monat ein gemitteltes Stromverbrauchsprofil für Ihren Haushalt erstellen. Warum für jeden Monat? Im Sommer werden Sie ganz andere Nutzungen haben als im Winter. Und wenn Sie schon modern mit einer Wärmepumpe heizen, kommt im Winter ein ganz wesentlicher Verbraucher zu Ihren sonstigen Geräten hinzu, der den Strombezug dann in die Höhe treibt.

Bedenken Sie auch, dass Sie an Wochenenden und Feiertagen ein anderes Tagesprofil beim Stromverbrauch haben als zu normalen Werktagen. Und wenn Sie im Homeoffice arbeiten können, fallen an diesen Tagen die morgendlichen und abendlichen Belastungsspitzen vermutlich auch nicht so deutlich aus, als wenn alle Haushaltsmitglieder tagsüber außer Haus sind.

Den aktuellen Stromverbrauch reduzieren

Sind Sie nun, wo Sie Ihren Stromverbrauch genauer durchleuchtet haben, leicht erschrocken? An einigen wenigen Beispielen wollen wir Ihnen hier ein paar Tipps geben, wie Sie den Stromverbrauch drosseln, was sich einfach umsetzen lässt und spürbare Effekte hat. Zudem erfordern diese Sparmaßnahmen keine großen Investitionen.

Herd und Backofen sind Energiefresser. Wer viel kocht und backt, verbraucht dabei viel Strom. Bei einem durchschnittlichen Haushalt mit drei Personen entfallen rund 445 Kilowattstunden des Stromverbrauchs nur auf den Elektroherd mit Backofen. Das macht nach unserem kalkulierten Strompreis von 40 Cent pro Kilowattstunde knapp 180 Euro im Jahr.

Achten Sie darauf, dass die Böden Ihres Kochgeschirrs auch nach langer Benutzung noch plan sind, also ganzflächig aufliegen. Das sorgt für eine optimale Energieübertragung.

Stellen Sie Töpfe und Pfannen auf die Kochstellen, die sie vollständig abdecken, damit keine Hitze ungenutzt seitlich am Topf vorbei verloren geht.

Ein Dampfdrucktopf spart im Vergleich zu den normalen Kochtöpfen Energie und Zeit. Beim normalen Kochtopf hält schon ein konsequent aufgesetzter Deckel die Hitze länger als ein offener Kochtopf.

Den Herd und den Backofen können Sie schon vor Ende der Garzeit abschalten. Die Restwärme zu nutzen bringt auch eine spürbare Ersparnis.

Moderne Backöfen können mit Umluftbetrieb heizen. Nutzen Sie das so oft wie möglich. Im Umluftbetrieb wird weniger Energie verbraucht als bei reiner Ober- oder Unterhitze.

Ein Kühl-/Gefrierschrank sollte nicht vor einem Heizkörper und nicht neben dem Herd stehen, da diese Geräte viel Wärme abgeben. Der Kühlkreislauf benötigt dann deutlich mehr Energie, um die Wärme aus dem Kühlraum „nach draußen“ zu pumpen.

Circa 166 Euro jährlich entfallen auf die Nutzung von Gefriergeräten bei einem

Unser Tipp: Bedarfssteuerung. Prüfen Sie, wie der Stromverbrauch über einen typischen Tagesverlauf in Ihrem Haushalt aussieht. Nur dann können Sie den selbst erzeugten Strom optimal verbrauchen. Zum Vergleich: Eine Kühl-Gefrier-Kombi verbraucht etwa 100 Watt, solange der Kompressor läuft. Ein WLan-Router im Schnitt 10 Watt, ein 40-Zoll-Fernseher 50 bis 80 Watt im Betrieb. Ein Ladegerät für E-Bikes hingegen lädt mit etwa 1 000 Watt, Waschmaschinen ziehen je nach Betriebsart bis zu 2 000 Watt. Starke Verbraucher sollten Sie also dann einschalten, wenn die maximal möglichen 800 Watt Einspeisung tatsächlich erreicht werden.

durchschnittlichen Verbrauch von 415 Kilowattstunden pro Jahr. Auch wenn sie von der Energielabel-Einstufung im grünen Bereich liegen, gehören sie zu den größten Stromverbrauchern im Haushalt, weil sie konstant in Betrieb sind. Da ergibt es Sinn, sich einmal das eigene Nutzungsverhalten bewusst zu machen.

Beim Gefrierschrank soll die Temperatur nur bis minus 18 Grad Celsius eingestellt sein. Eine noch stärkere Gefrierleistung ist höchstens zeitweise erforderlich, wenn Sie kurzfristig größere Mengen Lebensmittel einfrieren wollen.

Und bevor Sie die Tür öffnen, überlegen Sie schon, was Sie brauchen, und lassen die Tür zum Gefrierschrank immer nur kurz offen, um das Gewünschte zügig zu entnehmen. Dazu gleich noch ein Tipp: Regelmäßiges Abtauen kann die Kosten deutlich senken.

Ein Umrüsten auf LED-Lampen lohnt sich in jedem Fall, sie sind deutlich sparsamer als Energiesparlampen und halten auch wesentlich länger.

Auch wenn es eigentlich schon selbstverständlich sein sollte, dass hier ein großes Sparpotenzial liegt: Ein großer Anteil der jährlichen Stromkosten geht in vielen Haushalten immer noch für die Beleuchtung drauf. Warum sollte man auch alte Glühbirnen oder Halogenlampen austauschen, solange sie zuverlässig funktionieren? Auch wenn es aus ökologischer Sicht zunächst paradox erscheint: Aber mit vielen modernen Lampen lässt sich im laufenden Betrieb richtig Geld sparen. Manche verbrauchen über 90 Prozent weniger Strom als gleich helle alte Glühbirnen. So erreichen klassische Glühbirnen nur eine Lichtausbeute von etwa 10 Lumen pro Watt. Eine hocheffiziente LED-Lampe kann es hingegen zum Beispiel auf 130 Lumen pro Watt bringen – sie ist also 13-mal effizienter!

Wenn Sie eine 60-Watt-Glühbirne, die täglich drei Stunden lang brennt, durch eine gleich helle 6-Watt-LED ersetzen, senken Sie die jährlichen Stromkosten für diese eine Lampe von 17 auf knapp 2 Euro. Ein Umrüsten auf LED-Lampen lohnt sich also in jedem Fall, sie sind deutlich sparsamer als Energiesparlampen. Weiterer Vorteil: Die LEDs halten auch wesentlich länger als Glühbirnen und Leuchtstofflampen.

Zu den Geräten im Haushalt mit dem höchsten Stromverbrauch gehört auch der Geschirrspüler. Das beliebte Gerät verbraucht in unserem Modellfall durchschnittlich rund 245 Kilowattstunden Energie im Jahr. An Stromkosten kommen so 98 Euro zusammen. Auch hier gilt vor allem: Das Gerät sollte stets gut gefüllt sein, bevor es eingeschaltet wird.

Nebenbei ist bei Geschirrspülmaschinen auch der Wasserverbrauch ein Kostenfaktor. Dieser kann von Gerät zu Gerät sehr unterschiedlich sein. Zum Teil schwankt er pro Spülgang zwischen 9 und 18 Litern, je nach Geschirrspüler. Achten Sie schon beim Kauf darauf. Und nutzen Sie wann immer möglich das Eco-Programm beim Geschirrspüler, das verbraucht am wenigsten Ressourcen (Strom und Wasser).

Auch Waschmaschinen gehören zu den großen Stromfressern im Haushalt. Ein durchschnittlicher Drei-Personen-Haushalt verbraucht jährlich rund 200 Kilowattstunden für saubere Wäsche. Das sind noch einmal rund 80 Euro, die auf der Stromrechnung erscheinen.

Ein wichtiger Faktor sind die Waschtemperaturen. Wie unsere Tests belegen, haben sich die meisten Waschpulverhersteller inzwischen darauf eingestellt. Die Waschmittel entfalten auch bei niedrigen Temperaturen ihre volle Waschkraft. 60 Grad Celsius braucht man nur noch selten, 90 Grad Celsius sind nur in Ausnahmesituationen notwendig. Fast immer reichen 30 oder 40 Grad Celsius.

Dass die Waschmaschine immer gut befüllt ist, sollte sich von selbst verstehen. Auch bei Waschmaschinen sollten stets die Eco-Programme bevorzugt gewählt werden.

Für einen Wäschetrockner muss ein durchschnittlicher Drei-Personen-Haushalt pro Jahr dann noch einmal mit etwa 130 Euro Stromkosten rechnen – wenn man von einem durchschnittlichen Strombedarf von 325 Kilowattstunden ausgeht. Damit liegt er nur leicht unter dem für den Kühlschrank. Abgesehen von der Anschaffung eines Geräts mit hoher Energieeffizienzklasse kann sich auch das eigene Nutzungsverhalten kostensparend auswirken. Dazu gehört, den Trockner nur voll beladen in Betrieb zu nehmen. Am günstigsten – und schonend für die Wäsche – ist natürlich, die Wäsche auf der Leine trocknen zu lassen.

„Auch Waschmaschinen gehören zu den großen Stromfressern im Haushalt. Ein durchschnittlicher Drei-Personen-Haushalt verbraucht jährlich rund 200 Kilowattstunden für saubere Wäsche. Das sind noch einmal rund 80 Euro, die auf der Stromrechnung erscheinen.

Mit ein paar einfachen Maßnahmen, die man sich nur zur Gewohnheit machen muss, können Sie also ordentlich Strom(kosten) sparen. In unseren Tests weisen wir immer auf die energiesparendsten Geräte hin. Über die Nutzungsdauer gerechnet sind die oft auch denn wirtschaftlicher, wenn der Neupreis erst einmal abschreckt.

Mehr Power für den künftigen Strombedarf?

Sie kennen den Stromverbrauch in Ihrem Haushalt und reizen Einsparpotenziale schon aus. Vor der Anschaffung einer Photovoltaikanlage lohnt sich aber auch der Blick in die Zukunft.

Wenn Sie zum Beispiel darüber nachdenken, sich in naher Zukunft ein Elektroauto anzuschaffen – oder Sie haben bereits eines, das Sie über Ihr Haushaltsstromnetz laden können –, stellt sich vielleicht die Frage, ob man es auch mit einem Balkonkraftwerk direkt oder über einen Batteriespeicher laden kann. Optimistisch könnte man womöglich sagen, dass es das Hausnetz dabei ein wenig unterstützen kann.

Ein E-Auto hat zum Beispiel einen Akku von 50 Kilowattstunden (kWh). Das ist noch nicht einmal sehr hoch gegriffen, sondern eher ein Mittelwert. Die größten Akkus in E-Autos können aktuell bis zu 100 kWh speichern. Wallboxen laden mit bis zu 11 kW pro Stunde, dann wäre das Auto im idealen Fall innerhalb von fünf Stunden voll. Mit den 0,8 kW – bei idealen Bedingungen – aus dem Balkonkraftwerk erzeugt die Anlage am Tag und im Sommer vielleicht 4 bis 5 kWh. Das wären 10 Prozent unseres Autoakkus.

Schafft man zum Balkonkraftwerk zusätzlich einen Akku an, dann sollte der ungefähr den Tagesertrag der Anlage puffern können – also etwa 3 bis 5 kWh. Aber ein solcher Akku kostet.

Fazit: Für die Versorgung eines E-Autos spielt ein Balkonkraftwerk keine nennenswerte Rolle. Dazu müsste es schon eine deutlich leistungsfähigere Photovoltaikanlage auf dem Dach sein und dann auch mit einer kraftvollen Batterie als Zwischenspeicher, wenn Sie das E-Auto vornehmlich über Nacht laden wollen.

Wenn ich schon meinen Strom selbst produzieren kann, bin ich dann im Falle eines Stromausfalls im öffentlichen Stromnetz nicht autark? Das Thema der autarken Versorgung haben wir bereits im Umfeld von Schrebergartenanlagen angesprochen (siehe „Insel-Solaranlagen", ab Seite 101). Wir kommen darauf auch später noch etwas genauer zurück. Die Vorstellung, dass man sich bei einem Ausfall des öffentlichen Stromnetzes mit einer Stecker-Solaranlage selbst mit Strom versorgen kann, ist jedenfalls nicht ohne Weiteres in die Praxis umzusetzen (siehe Abschnitt „Der Stromspeicher", Seite 154).

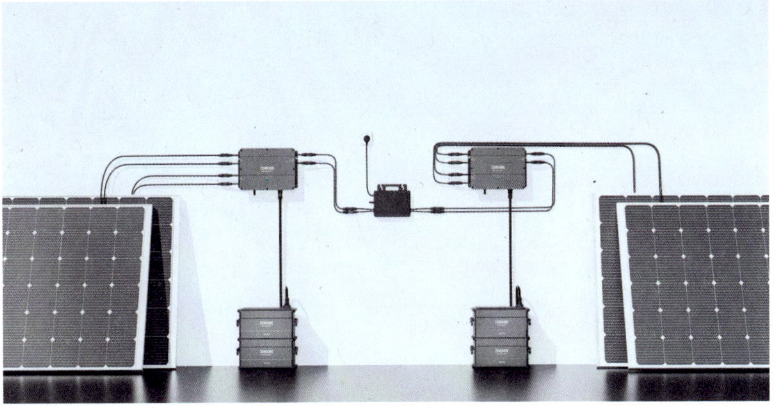

Mehrere Panels – ein Balkonkraftwerk?
Zwei mal zwei Panels lassen sich in unterschiedlichen Himmelsrichtungen ausrichten. Das bedeutet: längere Zeit volle 800 Watt Einspeisung ins Netz.

Wie sieht es aber mit dem Strombedarf aller privaten Haushalte in Deutschland aus? Im Jahre 1990 lag der Verbrauch bei 117 Terawattstunden, im Jahr 2022 bei 139 Terawattstunden. Die Entwicklung schwankte zwar von Jahr zu Jahr etwas auf und ab, aber die generelle Aufwärtstendenz über diesen Zeitraum ist nicht zu verkennen.

Die Anschaffung von immer mehr elektrischen Haushaltshelfern, die zunehmende Nutzung von Internetdiensten und die wachsende Vernetzung aller elektrischen Geräte im Haushalt werden den Pro-Kopf-Verbrauch so schnell nicht sinken lassen, eher im Gegenteil. Insgesamt wird der Stromverbrauch im durchschnittlichen Haushalt in Zukunft voraussichtlich eher steigen.

Sie können das anhand Ihrer eigenen Stromabrechnungen der Versorgerunternehmen einmal nachvollziehen. Wie hat sich Ihr jährlicher Stromverbrauch in den letzten 10 oder 20 Jahren entwickelt? Und was erwarten Sie demnach für die Zukunft? Billiger dürfte der Strom aus dem öffentlichen Netz in den nächsten Jahren wohl kaum werden.

Wenn man also schon in die Installation einer Stecker-Solaranlage investiert und sich die Arbeit macht, das gut zu planen und selbst aufzubauen, kann man ja auch ein bisschen größer denken, um den bestmöglichen Ertrag zu erzielen.

Mehr Leistung mit Power-Varianten?

Grundlegend lassen sich die Anlagen in drei Leistungsstufen unterscheiden:

- **1.** Balkonmodul 400 W (Watt) – 1 Photovoltaikmodul (400–410 $\text{Watt}_{\text{Peak}}$, W_P) und Wechselrichter mit 400 W AC-Einspeiseleistung
- **2.** Balkonkraftwerk 800 W – 2 Photovoltaikmodule (je 400–410 W_p) und Wechselrichter mit 800 W AC-Einspeiseleistung
- **3.** Mini-Solaranlage 2 000 W – 4 Photovoltaikmodule (je 400–410 W_p) und

Balkonkraftwerk mit zwei Wechselrichtern
Per Betteri-Anschluss wird ein Wechselrichter am anderen „durchgeschleift", sodass man letztlich nur eine Steckdose belegt.

Wechselrichter mit 1600 W AC-Einspeiseleistung. Das geht aber über die aktuelle gesetzliche Definition eines Balkonkraftwerks schon hinaus.

Klassischerweise besteht ein Balkonkraftwerk aus zwei Solarmodulen und einem Wechselrichter, wobei jedes Solarmodul eine maximale Leistung von 300 bis 500 Watt erreicht. Damit kann man die erlaubte Höchstleistung von 800 Watt Einspeisung aber nur im Sommer und unter sehr guten Strahlungsbedingungen erreichen.

Die clevere Idee einiger Hersteller, um auch unter schlechteren Bedingungen die maximale Einspeisung zu gewährleisten: Man nimmt zwei Wechselrichter, deren Leistung auf je 400 Watt begrenzt wird. An jedem Wechselrichter sind zwei Solarmodule angeschlossen, die dann also jeweils nur die halbe Maximalleistung bringen müssen, damit der Wechselrichter die maximale Einspeisung erreicht.

Eine andere Variante ist ein Balkonkraftwerk mit höherer Solarmodulleistung, das zusätzlich zur Direkteinspeisung von maximal 800 Watt einen Batteriespeicher (siehe den nächsten Abschnitt) laden kann, der dann in strahlungsarmen Zeiten – nachts oder bei schlechtem Wetter im Winter – seine Energie ins Hausnetz abgibt.

Im Solarpaket I hat die Bundesregierung festgelegt, dass eine derartige Anlage als Balkonkraftwerk erlaubt ist, solange die installierte maximale Modulleistung 2000 $\text{Watt}_{\text{Peak}}$ nicht überschreitet. Das wären zum Beispiel vier Solarmodule mit je 500 Watt. Anlagen mit mehr als 2000 $\text{Watt}_{\text{Peak}}$ maximaler Leistung erfordern dann laut neuer Gesetzgebung für Anschluss und Anmeldung der Anlage einen professionellen Elektroinstallateur.

Mehrere Balkonkraftwerke installieren?

Eine Stecker-Solaranlage ist leicht installiert, nimmt nicht viel Platz ein und liefert viele Jahre umweltfreundlich Strom. Wenn Sie jetzt aber genügend Platz haben, um zwei (oder mehr) solcher kompakten Anlagen zu installieren, fällt das noch unter die Balkonkraftwerk-Regelungen? Was gibt es bei mehreren Balkonkraftwerken in einem Haushalt zu beachten?

Wer kann auf diese Idee kommen? Insbesondere, wenn Sie einen Balkon besitzen, der morgens aus Osten und abends aus Westen viel direktes Sonnenlicht abbekommt, können Sie von zwei Balkonkraftwerken profitieren. Hier kommen die wichtigsten Nutzungsvorschriften:

In einem Haushalt (normalerweise mit einem Stromzähler) dürfen Balkonkraftwerke aktuell eine Einspeiseleistung von maximal 800 Watt erreichen, um von der vereinfachten Anmeldung in Deutschland zu profitieren. Anlagen mit mehr Power erfordern einen deutlich höheren bürokratischen Aufwand und die Installation durch einen Fachmann.

Jede moderne Haushaltselektrik verfügt über drei Phasen – also drei separat zu steuernde Stromkreise. Theoretisch ist es somit möglich, bis zu drei Balkonkraftwerke anzuschließen, solange die übergeordnete Einspeisegrenze für die zusammengenommenen Einzelanlagen nicht überschritten wird. Ein 250-Watt-Balkonkraftwerk kann also beispielsweise durch zwei weitere 250-Watt-Balkonkraftwerke ergänzt werden.

Zur Erinnerung: Es gibt klare Regelunterschiede zwischen der elektrischen Leistung von Solarpanels und Wechselrichtern. Grundsätzlich dürfen Privatpersonen auch mehrere Photovoltaikmodule selbst aufstellen und anschließen, solange ein Wechselrichter vor der Einspeisung ins Hausnetz deren Gesamtleistung auf 800 Watt Wechselstrom drosselt.

Entscheidend ist also, wie viel der von den Paneelen gelieferten Leistung ins Hausstromnetz abgegeben wird. Denn nur wer die 800-Watt-Maximalleistung des Wechselrichters berücksichtigt, profitiert von vereinfachten Anmelderegeln und darf seine Mini-Solaranlage über einen Schuko-Stecker selbst installieren.

Wie beschrieben ist es durchaus möglich und legal, mehrere Stecker-Solaranlagen in einem Haushalt anzuschließen, solange sie jeweils nur an einem Stromkreis (einem Stromzähler) angeschlossen werden und die Einspeisegrenze von 800 Watt Wechselstrom ins Haushaltsstromnetz nicht überschreiten.

Um trotzdem mehrere Stecker-Solaranlagen in den Hausstrom einzubinden, gibt es einen weiteren Trick: Gemäß den technischen VDE-Normen dürfen zwei Wechselrichter nicht einfach mit ihrem Anschlusskabel an jeweils einen eigenen Stromkreis angeschlossen werden. Die Lösung: Mikrowechselrichter haben im Normalfall einen sogenannten Betteri-Anschluss. Über diesen Anschluss lässt sich ein Wechselrichterausgang mithilfe eines Wechselstromkabels an den zweiten Wechselrichter anstecken. Ein Wechselrichter wird durch den zweiten sozusagen einfach durchgeschleift (siehe dazu das Foto auf der nebenstehenden Seite 120). Somit erfüllen beide Wechselrichter ihre Funktion, aber ganz nach Vorschrift wird nur ein Wechselrichter an das Stromnetz angeschlossen.

Was ist wichtig beim Anlagenkauf?

Für das Prüfprogramm zum Test „Balkon-Solaranlagen" haben unsere Experten die Kriterien bestimmt, auf die es beim Kauf und Betrieb eines Steckerkraftwerks besonders ankommt.

Im Test waren acht Balkonkraftwerke mit jeweils zwei Photovoltaikmodulen und einem Wechselrichter, die im Zeitraum November bis Dezember 2023 anonym im Handel eingekauft wurden.

Alle Modelle waren monokristallin, monofazial und leisteten laut Anbieter maximal knapp über 400 $\text{Watt}_{\text{Peak}}$ pro Modul. Wir prüften gemäß den damals geltenden rechtlichen Vorschriften mit Wechselrichtern im auf 600 Watt Einspeisung gedrosselten Betrieb. Zusätzlich erwarben wir die Montagesets der Anbieter für Balkon und Flachdach.

Leistung im normierten Messbetrieb

Die wichtigste Frage beim Kauf lautet: Bringen die Anlagen die versprochene Leistung? Dazu ließen wir einen Sonnensimulator mit 1000, 600 und 200 Watt pro Quadratmeter auf die Balkonkraftwerke scheinen, prüften, wie viel elektrische Leistung sie erzeugten, und berechneten daraus den Wirkungsgrad ohne Schatten. Bei vollflächiger Bestrahlung schöpften alle getesteten Anlagen reichlich Strom. Sobald die Solarpanels aber etwas abgedeckt beziehungsweise verschattet wurden, sahen die Stromleistungen ganz anders aus.

Leistung bei teilweiser Verschattung der Solarpanels

Verdunkeln Laub oder Vogelkot einen Teil der Panels, sinkt ihre Ausbeute deutlich. Bei 1000 Watt pro Quadratmeter und diagonaler Abdeckung von einem Viertel sowie einem Achtel der Fläche prüften wir, wie stark der Wirkungsgrad der Solarpanels bei einer Teilverschattung sank.

Im Test haben wir sie jeweils zunächst zu einem Viertel abgedeckt. Die Anlage von Absaar brachte dann gerade noch die Hälfte ihrer maximalen Leistung – und war damit noch die beste.

Für alle getesteten Panels aber galt darüber hinaus: Lagen sie zur Hälfte im Dunkeln, erzeugten sie gar keinen Strom mehr. In die Produktbewertung flossen auch die Funktionsweise bei diagonaler Verschattung eines Viertels und eines Achtels ein. Der extreme Fall einer Verschattung von 50 Prozent wurde zwar im Artikel erwähnt, aber nicht bewertet. Die Hersteller sind sich dieser Schwächen bewusst und bieten neue Panels mit besseren Leistungsdaten auch bei teilweiser Verschattung an.

Flexibilität der Halterungen bei der Montage

Wir haben getestet, wie gut sich die Ausrichtung der Panels nach dem optimalen Winkel tatsächlich bewerkstelligen lässt, und zwar jeweils auf einem flachen Dach und an einer senkrechten Balkonbrüstung. Das meiste Licht fangen sie mit einer 30- bis 40-Grad-Neigung zur Waagerechten ein. Der optimale Winkel hängt aber jeweils von der Ausrichtung nach der Himmelsrichtung, der Jahreszeit und der geografischen Breite ab.

Bei großen Photovoltaikanlagen auf dem freien Feld gibt es deshalb sogar große Panelflächen, die motorisch im jeweils optimalen Winkel gehalten und mit dem Lauf der Sonne mitgeführt werden.

Auf fast allen der von uns getesteten Halterungen lassen sich die Panels zwar auch anwinkeln, aber nicht drehen. Und auch das hatte seine Grenzen. Der geringste einstellbare Winkel betrug nur 15 Grad, der größte immerhin 35 Grad – allerdings ausschließlich bei Aufstellung auf einem waagerechten Untergrund. Fragen Sie also gezielt nach, wie flexibel sich die Halterungen jeweils an die waagerechte oder senkrechte Montage anpassen lassen.

Verständlichkeit der Montageanleitungen

Die Montage der Anlagen kann ein Kraftakt sein – ein Panel ist immerhin fast so groß wie eine Matratze und wiegt bis zu 20 Kilogramm.

Fünf Fachleute bewerteten deshalb im Test die Vollständigkeit und Verständlichkeit der Gebrauchsanleitung sowie die Montage der Geräte am Balkon und auf dem Flachdach. Dabei stellte sich heraus, dass drei der Montageanleitungen so lückenhaft waren, dass der Kraftakt zusätzlich zur Denksportaufgabe geriet.

Außerdem bewerteten sie die Funktionalität der Anzeigen – etwa Statusanzeigen am Wechselrichter oder an mitgelieferten Leistungsmessgeräten – sowie die Einrichtung und Funktionalitäten der Apps. Für den Punkt „Handhabung“ konnten wir nur zweimal ein „Gut“ vergeben, viermal gab es ein „Befriedigend“ und zweimal sogar nur ein „Ausreichend“. Hier besteht also noch Verbesserungspotenzial seitens der Hersteller und Anbieter.

Die Wechselrichter

Sie wandeln den eintreffenden Gleichstrom aus den Solarmodulen in Wechselstrom mit einer Frequenz von 50 Hertz um und speisen diesen in das Stromnetz des Haushalts ein. Dabei begrenzen sie die Einspeiseleistung gleichzeitig auf maximal 800 Watt (vormals maximal 600 Watt). Das Problem: Die Wechselrichter können im Betrieb Elektrogeräte und Funkverbindungen in der näheren Umgebung elektromagnetisch stören. Das kann zum Beispiel dazu führen, dass das Internet (WLan) ruckelt oder das Radio rauscht – auch in der Nachbarschaft. Und sogar Funknetze von Polizei und Rettungskräften können beeinträchtigt werden. Immerhin drei der getesteten Anlagen erhielten deswegen beim Prüfpunkt elektromagnetische Verträglichkeit ein „Mangelhaft", es handelte sich aber in allen drei Fällen um dasselbe Wechselrichtermodell. Die Marktüberwachung der Bundesnetzagentur nimmt aus diesem Grund immer wieder Wechselrichter durch ein Verkaufsverbot vom Markt.

Die Wechselrichter können im Betrieb Elektrogeräte und Funkverbindungen in der näheren Umgebung elektromagnetisch stören.

Sicherheit bei Montage und Betrieb

Wir prüften überdies, ob durch scharfe Ecken und Kanten sowie Grate an den Geräten und Montagesets Verletzungsgefahr bestand. Für die elektrische Sicherheit prüften wir unter anderem die Kurzschlussfestigkeit, die automatische Abschaltung und galvanische Trennung sowie den Schutz vor einem elektrischen Schlag. Bei der elektrischen Sicherheit gab es bei allen acht Anlagen nichts zu beanstanden, auch bei den möglichen Verletzungsgefahren wurde mit nur einer Ausnahme durchweg ein „Gut" vergeben.

Stabilität im harten Alltag

Und schließlich simulierten wir die Belastung durch Wind und Schnee in Zug- und Druckversuchen mit den Montagesets für Balkon und Flachdach. Der maximale Druck betrug 5400 Pascal, der maximale Zug 2400 Pascal.

Außerdem prüften wir die Regenfestigkeit der Balkonkraftwerke nach Schutzklasse IPx5 (Schutz vor Strahlwasser) und die Korrosionsbeständigkeit der Montageteile.

Zur Simulation möglicher Hagelschäden kam zudem die Schlagfestigkeit mit einer 3,3 Zentimeter großen Stahlkugel, die wir aus einer Höhe von 0,4 bis 2,5 Metern auf die Photovoltaikmodule fallen ließen, auf den Prüfstand. Immerhin drei der getesteten Panels ertrugen die Schnee- und Sturmsimulation nicht. Das betrifft in der Praxis in erster Linie flach ausgerichtete Panels. Bei senkrechter Aufhängung an der Balkonbrüstung sind die wetterbedingten Risiken erheblich geringer.

Für Bastler und Recycler: ein Balkonkraftwerk selbst bauen

Die paar Komponenten für ein Balkonkraftwerk kann man doch sicher selbst zusammenstellen und optimal an die eigenen Wünsche und Gegebenheiten vor Ort anpassen, oder?

Mit einer Stecker-Solaranlage sind Sie in einem Leistungsbereich, in dem man versucht, innerhalb der gegebenen Beschränkungen (maximal 2000 $Watt_{Peak}$ der Module, maximal 800 Watt Wechselstrom Einspeisung) möglichst viel Strom selbst zu produzieren und zu nutzen.

Was ist also zu beachten, wenn Sie sich Ihr eigenes Stecker-Solarkraftwerk selbst zusammenstellen wollen?

Prüfen Sie zunächst die vorhandene Fläche beziehungsweise die Anbringungsmöglichkeiten. Neben der gewünschten Ausrichtung der Solarpanels – dazu im Verlauf mehr – spielen natürlich die Verhältnisse am Aufstellungsort eine wichtige Rolle. Das Stecker-Solarkraftwerk wird ja oft gar nicht an der Balkonbrüstung angebracht, sondern auf waagerechten Flächen (Flachdach, Garagendach, aufgeständert im Garten ...) oder zum Beispiel senkrecht an der Hauswand. Beachten Sie dabei, insbesondere wenn Sie gebrauchte Panels verwenden wollen: Die meisten Solarmodule mit 500 und 600 $Watt_{Peak}$ sind größer als zwei Quadratmeter. Das war für die Installation auf Dächern von Wohnhäusern problematisch. Bis zum 27. Oktober 2023 wurden Stecker-Solaranlagen mit Glasmodulen ab einer Modulgröße von zwei Quadratmetern als Bauprodukte angesehen. Ohne bauaufsichtliche Zulassung durften sie nicht einfach installiert werden. Das hat sich seitdem erledigt. Die Begrenzung der Modulflächen für Balkonkraftwerke wurde gesetzlich aufgehoben. Man kann also große Module auf Gebäuden installieren und die Anlage als Balkonkraftwerk betreiben, solange die 2000 $Watt_{Peak}$ und die maximale Einspeiseleistung von 800 Watt beachtet werden.

Ein weiterer wichtiger Punkt bei der Planung der eigenen Anlage ist die Ausrichtung. Dabei kommt es auf die Anzahl der geplanten Solarpanels an. Ab zwei Panels muss man je nach Ausrichtung –alle in gleicher Orientierung oder zum Beispiel ein Ost-Panel und ein West-Panel – die Konsequenzen für die weiteren Bauteile des Solarkraftwerks bedenken: die Anzahl der benötigten Befestigungselemente, den Ort der Wechselrichter und die Verkabelung bis zur Steckdose.

Größe und Gewicht der Panels sind wichtig für die Auswahl der geeigneten Befestigungstechnik. Nach der Auswahl der gewünschten Panels bleibt noch offen, wie die Befestigung oder das Traggerüst jeweils aussehen müssen und ob diese insbesondere bei der Entscheidung für XXL-Panels die Belastung durch das Gewicht der Module sicher tragen können.

Wollen Sie mehr als ein Panel installieren, müssen Sie auch entscheiden, ob jedes einen eigenen Wechselrichter bekommen soll oder ob Sie Panels in Reihe an einen Strangwechselrichter anschließen wollen. Wo und wie sollen die Wechselrichter angebracht werden? Und sollen die Wechselrichter eine Funkverbindung zu Ihrem lokalen WLan-Funknetz herstellen können?

Zu klären gilt es im Vorfeld überdies die Frage, ob Sie Ihr Balkonkraftwerk mit oder ohne Batteriespeicher betreiben wollen. Wenn Sie sich für einen Akku als Zwischenspeicher entscheiden: Was für ein Batteriespeicher soll es sein? Soll die Anlage auch autark vom Stromnetz funktionieren? Dann braucht es spezielle Wechselrichter. Welche Speicherkapazität ist sinnvoll? Worauf es weiterhin ankommt, finden Sie im Abschnitt „Batteriespeicher" ab Seite 132.

Denken Sie nicht zuletzt auch an die erforderliche Kabelführung von den Panels über die Wechselrichter zum Batteriespeicher und/oder zur Steckdose des Haushaltsnetzes. Je nach Komplexität und geplanter Verschaltung Ihrer Komponenten für das Balkonkraftwerk sollten Sie sich einen Installationsplan anlegen und die Kabelwege mit den notwendigen Steckern zusammenstellen. Einen Wieland-Stecker und die passende Wieland-Steckdose wird wohl kaum mehr jemand nutzen wollen, seitdem auch die gewohnten Schuko-Stecker für den Anschluss eines Balkonkraftwerks genehmigt sind. Achten Sie aber darauf, dass es sich um eine wettergeschützte Außensteckdose handelt.

Fertigen Sie sich zu Ihrer ganzen Anlage am besten eine Planskizze an und notieren Sie in einer Teileliste alle wesentlichen technischen Angaben, die Sie für Einkauf und Montage aller Komponenten brauchen werden.

Und wie sieht es mit dem nötigen Werkzeug aus? Machen Sie ruhig einen Check, ob alles Notwendige bereits vorhanden ist, bevor Sie zum Einkauf der Komponenten losfahren.

Die Solarpanels

Die verschiedenen Typen von Photovoltaikpanels wurden bereits näher erläutert (siehe ab Seite 52). Nicht geeignet sind für unsere Zwecke Solarpanels, die für den Gebrauch mit 12-Volt-Anwendungen gedacht sind. Sie liefern nicht genügend hohe Spannung für den Betrieb der Mikro-Wechselrichter, die hier zum Einsatz kommen sollen.

Geeignet sind prinzipiell alle Module, die eine Spannung von 30 bis 40 Volt erzeugen können. Das sind aktuell Halbzellenmodule

ABMESSUNGEN DES PV-MODULS (Einheit: mm)

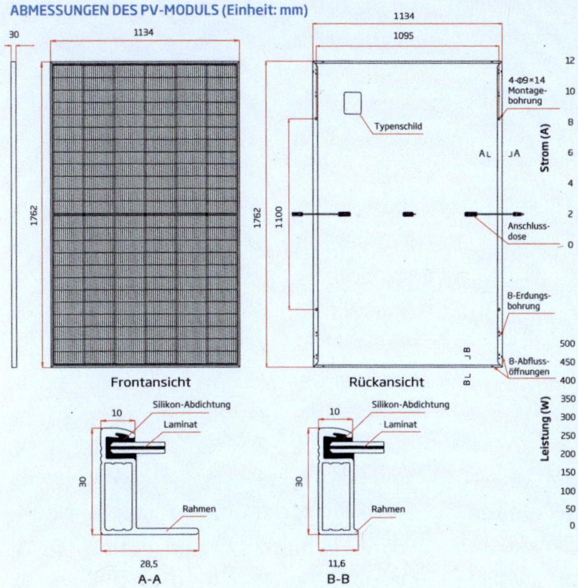

I-V KURVEN DES PV-MODULS (440 W)

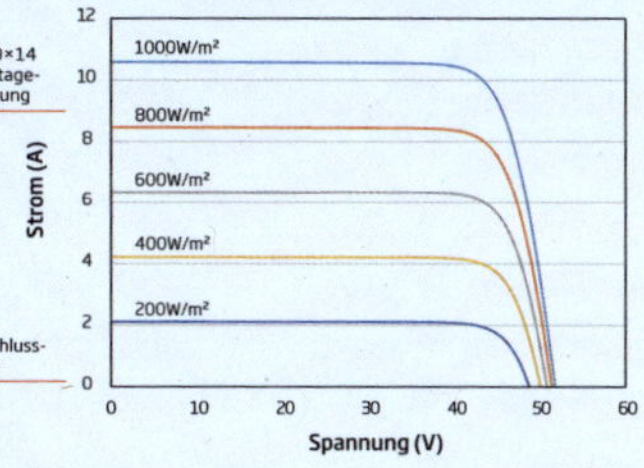

P-V KURVEN DES PV-MODULS (440 W)

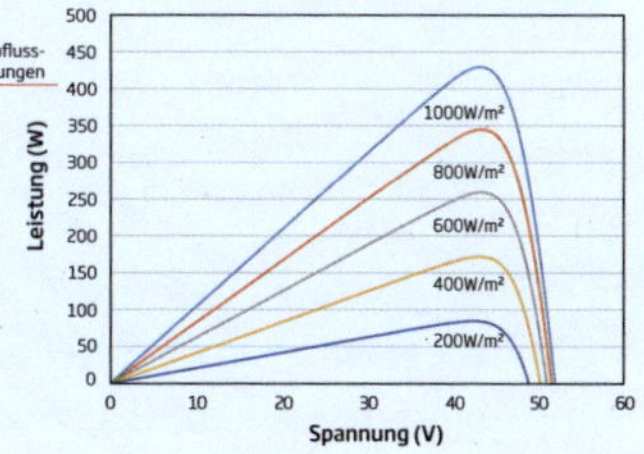

ELEKTRISCHE DATEN (STC)	TSM-425 NEG9R.28	TSM-430 NEG9R.28	TSM-435 NEG9R.28	TSM-440 NEG9R.28	TSM-445 NEG9R.28	TSM-450 NEG9R.28
Nominalleistung-PMAX (Wp)*	425	430	435	440	445	450
Leistungstoleranz-PMAX (W)	0/+5	0/+5	0/+5	0/+5	0/+5	
Spannung im MPP-UMPP (V)	42,9	43,2	43,6	44,0	44,3	44,6
Strom im MPP-IMPP (A)	9,92	9,96	9,99	10,01	10,05	10,09
Leerlaufspannung-UOC (V)	50,9	51,4	51,8	52,2	52,6	52,9
Kurzschlusstrom-ISC (A)	10,56	10,59	10,64	10,67	10,71	10,74
Modulwirkungsgrad η m (%)	21,3	21,5	21,8	22,0	22,3	22,5

STC: Einstrahlung 1000 W/m², Zelltemperatur 25 °C, Spektrale Verteilung von AM 1.5. *Messtoleranz: ±3 %.

ELECTRICAL DATA (NOCT)	TSM-425 NEG9R.28	TSM-430 NEG9R.28	TSM-435 NEG9R.28	TSM-440 NEG9R.28	TSM-445 NEG9R.28	TSM-450 NEG9R.28
Nominalleistung-PMAX (Wp)	324	328	332	335	339	343
Spannung im MPP-UMPP (V)	40,0	40,4	40,7	41,0	41,3	41,6
Strom im MPP-IMPP (A)	8,09	8,11	8,15	8,17	8,20	8,24
Leerlaufspannung-UOC (V)	48,2	48,7	49,1	49,4	49,8	50,1
Kurzschlusstrom-ISC (A)	8,51	8,53	8,57	8,60	8,63	8,65

NOCT: Einstrahlung 800 W/m², Umgebungstemperatur 20°C, Windgeschwindigkeit 1 m/s.

MECHANISCHE DATEN	
Solarzellen	Monokristallin
Zellanordnung	144 Zellen
Modulmaße	1762×1134×30 mm
Gewicht	21,0 kg
Glas	1,6 mm, hochtransparentes, anti-reflexbeschichtetes hitzevorgespanntes Glas
Verkapselungsmaterial	POE/EVA
Rückseite	1,6 mm, Hitzevorgespanntes Glas
Rahmen	30 mm eloxierte Aluminiumlegierung, Schwarz
Anschlussdose	IP 68
Kabel	Photovoltaikkabel: 4,0 mm² Hochformat: 1100/1100 mm Querformat: 280/350 mm*
Stecker	TS4 / MC4 EVO2*

*Nur auf Bestellung.

TEMPERATURWERTE	
NOCT (Nennbetriebstemperatur der Zelle)	43 °C (±2 K)
Temperaturkoeffizient von PMAX	-0,30 %/ K
Temperaturkoeffizient von VOC	-0,24 %/ K
Temperaturkoeffizient von ISC	0,04 %/ K

EINSATZBEREICH	
Betriebstemperatur	-40 to +85 °C
Maximale Systemspannung	1500 V DC (IEC)
Maximale Absicherung	20 A

GARANTIE
25 Jahre Produktgarantie auf die Verarbeitung
30 Jahre Leistungsgarantie
1 % max. Degradation im ersten Jahr
0,4 % max. jährliche Degradation

(Nähere Details finden Sie in den Bedingungen der beschränkten Garantie)

VERPACKUNGSEINHEITEN	
Module pro Karton:	36 Stck.
Module pro 40-Fuß-Container:	936 Stck.

Leistungsdatenblatt für Solarpanels

Die wichtigen Leistungsdaten und sonstigen technischen Angaben sind im Datenblatt enthalten. Achten Sie darauf, dass es für Ihre genaue Modulversion gilt.

EINGANG (DC)	IQ7-60-2-INT	IQ7PLUS-72-2-INT	IQ7A-72-2-INT
Empfohlene Modulleistung (STC)[1]	235 W – 350 W +	235 W – 440 W +	295 W – 460 W +
Modul-Kompatibilität	60 Zellen / 120 Halb-Zellen	60 Zellen / 120 Halb-Zellen und 72 Zellen / 144 Halb-Zellen	60 Zellen / 120 Halb-Zellen und 72 Zellen / 144 Halb-Zellen
Max. DC-Eingangsspannung.	48 V	60 V	58 V
MPP-Spannungsbereich	27 V – 37 V	27 V – 45 V	38 V – 43 V
Betriebsspannungsbereich	16 V – 48 V	16 V – 60 V	18 V – 58 V
Min./Max. Startspannung	22 V / 48 V	22 V / 60 V	33 V / 58 V
Max. DC-Kurzschlussstrom (Modul Isc)	15 A	15 A	15 A
Überspannungsklasse DC-Anschluss	II	II	II
DC-Anschluss-Rückspeisestrom	0 A	0 A	0A
PV-Feld-Konfiguration	Der AC-seitige Schutz verlangt maximal 20A pro Zweigstromkreis		
Ausgang (AC)	**Mikro-WR IQ 7**	**Mikro-WR IQ 7+**	**Mikro-WR IQ 7A**
Ausgangsspitzenleistung	250 VA	295 VA	366 VA
Ausgangsnennleistung	240 VA	290 VA	349 VA
Spannung/Nennspannungsbereich[2]	230 V / 184 – 276 V	230 V / 184 – 276 V	230 V / 219 – 264 V
Maximaler Dauerausgangsstrom	1,04 A	1,26 A	1,52 A
Nennfrequenz	50 Hz	50 Hz	50 Hz
Erweiterter Frequenzbereich	45 – 55 Hz	45 – 55 Hz	45 – 55 Hz
Max. Anzahl Geräte pro 20A-Zweigstromkreis[3]	15 (230 VAC)	12 (230 VAC)	10 (230 VAC)
Überspannungsschutzklasse	III	III	III
Fester Leistungsfaktor	1,0	1,0	1,0

Aus dem Datenblatt eines Mikrowechselrichters

Hier können Sie abgleichen, ob die Leistungsdaten mit denen Ihrer Panels harmonieren.

mit zum Beispiel 120 Zellen. Bei der Onlinebestellung oder dem Einkauf finden Sie Datenblätter zu den Panels mit allen wichtigen Angaben zu Spannung, Stromstärke und Leistung in Watt (siehe Foto Seite 127). Die Panels haben immer auch noch einen Produktaufkleber auf der Rückseite mit den notwendigen Angaben.

Gebrauchte Panels

Sind gebrauchte Panels eine wirtschaftliche und umweltschonende Alternative? Alte Solarmodule werden seit einiger Zeit häufiger von den Dächern geholt, weil nach 20 Jahren Betrieb die EEG-Förderung ausgelaufen ist und sich dann der Weiterbetrieb teilweise finanziell nicht mehr lohnt. Auch wenn die Preise für neue Panels in den letzten Jahren stark gefallen sind, gilt es, mit Ressourcen schonend umzugehen.

Alte Solarpanels können Sie zum Beispiel erwerben, indem Sie eine Anlagenbesitzerin oder einen Installateur kontaktieren, der oder die gerade eine alte Photovoltaikanlage demontiert.

Recherchieren Sie, ob es in Ihrer Nähe einen Solarverein oder eine private Energiegenossenschaft gibt, die Ihnen eine Bezugsquelle nennen kann. Sie können auch gezielt auf Onlinemarktplätzen suchen oder die Panels auf einem Secondhand-Marktplatz für ausgediente Module ersteigern. Auf den Verkauf von Gebrauchtmodulen spezialisierte Unternehmen bieten auch Privatkäufern attraktive Angebote. Schließlich kann es darüber hinaus sinnvoll sein, beim örtlichen Recyclinghof vorbeizuschauen.

Die Frage ist dabei aber grundsätzlich, ob die Photovoltaikmodule noch einwandfrei funktionieren.

Lassen Sie sich auf jeden Fall immer das Baujahr oder Alter der Panels nennen. Nach einem optischen Check der Oberfläche auf sichtbare Beschädigungen oder Mängel können Sie dann mit einem Strommessgerät an einem sonnigen Tag am besten um die Mittagszeit prüfen, ob Sie ein gutes Altmodul gefunden haben. Messen Sie nach, wie viel Watt das Modul noch leistet.

Finden Sie auf der Modulrückseite einen Aufkleber mit den Produktdaten, der noch lesbar ist? Dann können Sie die Spannungswerte vergleichen. Auch 20 Jahre alte Module von einer Dachanlage sollten auf 80 Prozent des Neuwerts kommen. Dann können sie sinnvoll weiterverwendet werden.

Bedenken Sie aber auch, dass neue Solarmodule effizienter sind, sie produzieren auf der gleichen Fläche bis zu doppelt so viel Strom wie die alten.

Und bei der Preisverhandlung berücksichtigen Sie den Preisverfall bei neuen Modulen innerhalb der letzten 10 bis 20 Jahre. Mancher Anbieter gebrauchter Module hat vielleicht noch den (hohen) eigenen Kaufpreis im Hinterkopf, wenn er darauf einen prozentualen Abschlag kalkuliert. Manchmal bekommen Sie zu dem Preis dann schon genauso gute neue Panels mit höherer Effizienz und der gesetzlichen Gewährleistung bei Mängeln.

Wechselrichter kaufen

Wenn Sie eine Stecker-Solaranlage kaufen, ist ein passender und geeigneter Wechselrichter schon im Paket enthalten. Sie müssen sich um die Auswahl keine Sorgen machen ... sollte man meinen. Dass dem leider nicht immer so ist, hat unser Test von acht Balkonkraftwerken gezeigt, wo es Kritik insbesondere an den mitgelieferten Wechselrichtern gab (test 5/2024). Drei der untersuchten Balkonanlagen fielen durch, weil ihre Wechselrichter andere elektrische Geräte durch Funkstrahlung stören konnten. Sie wurden vorläufig vom Markt genommen (siehe Seite 58).

Wenn Sie Ihre Bauteile selbst zusammenstellen wollen, sollten Sie unbedingt darauf achten, dass die Leistungsdaten der Wechselrichter mit denen der geplanten Photovoltaikmodule harmonieren:

- **Der Spannungsbereich,** in dem Wechselrichter und Module arbeiten.

Transparenz ... für den Hersteller. Zu manchen Wechselrichtern gibt es Überwachungs-Apps, mit denen man auf dem Smartphone über WLan verschiedene Leistungsbilanzen vom Wechselrichter ablesen kann. Problematisch kann das sein, wenn die Daten über das WLan erst einmal an die – häufig chinesischen – Hersteller übertragen und dann vom Smartphone mittels der App von den Servern des Herstellers abgerufen werden können. Was die Apps sonst noch für Daten an die Hersteller des entsprechenden Wechselrichters senden, lässt sich kaum kontrollieren.

Die maximale Modulspannung (wenn angegeben, können Sie sich hier an der realistischen Leistungsangabe gemäß NOCT bei üblicher Betriebstemperatur und 800 Watt Einstrahlung orientieren) der Module sollte etwas kleiner sein als die maximal zulässige Eingangsspannung des Wechselrichters.

- **Die maximal zulässigen Ströme** (in Ampere). Der Kurzschlussstrom der Module (Sie können sich hier wieder an der Leistungsangabe gemäß NOCT orientieren) sollte etwas kleiner sein als der maximale Eingangsstrom des Wechselrichters.
- Ansonsten orientieren Sie sich an der **Nennleistung** des Solar-Wechselrichters. Die sollte sich grob an der Nennleistung der Photovoltaikanlage orientieren. Für eine Stecker-Solaranlage mit 2 $\text{Kilowatt}_{\text{Peak}}$ Nennleistung ist aber nur ein Wechselrichter mit maximal 800 Watt Ausgangsleistung zulässig.

Zusätzlich gibt es weitere Qualitätsfaktoren, die bei Wechselrichtern zu beachten sind:

Wichtig ist der optimale Spannungsbereich für den Betrieb. Die Eingangsspannung des Wechselrichters sollte etwas höher liegen als die maximale Ausgangsspannung der angeschlossenen Module. Wenn die Leerlaufspannung der Photovoltaikmodule die maximale Eingangsspannung des Wechselrichters überschreitet, kann der Wechselrichter durch Überspannung zerstört werden. Bei einer Überlastung regelt ein aktueller Wechselrichter die Leistung automatisch sofort runter, bevor es zu Schäden kommt.

Sehen Sie sich den Wirkungsgrad genau an. Der Wirkungsgrad eines modernen Wechselrichters sollte mindestens 95 Prozent, besser bis zu 98 Prozent betragen. Der Wirkungsgrad kann je nach Eingangsleistung und -spannung der Panels etwas schwanken.

Eine zuverlässige Kühlfunktion steigert die Effizienz des Geräts. Die Kühlung hängt direkt mit dem Wirkungsgrad zusammen. Wenn die Kühlung schnell, effizient und problemlos läuft, wird vom Wechselrichter weniger Energie benötigt, und der Wirkungsgrad ist höher.

Schließlich sollten Sie darauf achten, dass der Wechselrichter einen verlässlichen elektronischen Schutz besitzt. Der NA-Schutz garantiert, dass sich der Wechselrichter bei einem Netzausfall oder wenn der Netzstecker gezogen wird, selbstständig und sehr schnell vom Netz trennt.

Sorgen Sie unbedingt dafür, dass der Wechselrichter genau Ihren Kriterien entspricht. Dazu gehören unter anderem der richtige Typ (für das Standard-Balkonkraftwerk: Modulwechselrichter), die Nennleistung (für eine Photovoltaikanlage mit zwei $\text{Kilowatt}_{\text{Peak}}$ Nennleistung also ein Wechselrichter mit maximal 800 Watt Ausgangsleistung) und die notwendige MPP-Tracker-Anzahl (bei zwei Panels: zwei MPP-Tracker).

Für eine Balkonsolaranlage mit 800 Watt Spitzenleistung (Wechselspannung 230 Volt) werden meistens zwei Module mit bis zu 450 Watt Spitzenleistung ($Watt_{Peak}$) installiert. Dafür gibt es Wechselrichter mit 800 Watt Ausgangsleistung, die für jedes Modul ein separates Paar Anschlusskabel und im Inneren auch zwei getrennt operierende Maximum-Power-Point-Tracker (MPPT) besitzen (siehe Seite 57). So lassen sich die beiden Panels jeweils unabhängig voneinander im optimalen Leistungsbetrieb halten, auch wenn die Sonneneinstrahlung in beiden Fällen nicht identisch ist. Besonders wichtig ist dieser Umstand, wenn zum Beispiel ein Modul nach Osten, das zweite nach Westen ausgerichtet ist.

Die Montagematerialien

Zu neuen Modulen gibt es üblicherweise auch ein Sortiment passender Befestigungselemente von verschließbaren Haken für die Montage am Balkongeländer bis zu Gestellen für die Aufständerung auf ebenen Flächen. Hier ist vor allem darauf zu achten, dass sie stabil und belastbar genug sind, um die gewünschte Last der Solarpanels tragen zu können. Die Panels müssen darauf so befestigt werden können, dass sie nicht in sich verdreht sind oder die Vorderseite unter Spannung eingeklemmt wird, um Risse in der Oberfläche des Solarpanels zu vermeiden.

Bei gebrauchten Modulen müssen Sie bedenken, was für Panels Sie für den Eigenbau verwenden werden (Größe, Gewicht, Anzahl) und wie Sie die montieren wollen: flach auf dem Boden oder aufgeständert, mit Gewichten beschwert oder im Boden verankert, an der Balkonbrüstung hängend senkrecht oder schräg auf einem Gerüst. Die größte Schwierigkeit besteht erfahrungsgemäß darin, das Balkonkraftwerk stabil an der Balkonbrüstung aufzuhängen. Der Handel bietet ja zahlreiche Gestelle an, in der Regel aus Montageschienen oder Winkelprofilen aus Metall. Wenn keines der fertig konfektionierten Pakete für Ihre Module passt, können Sie das aus diesen Materialien auch selber bauen. Vorteil: Die ausgedienten Solarmodule sind meist kleiner als aktuelle Produkte und wiegen keine 20 Kilogramm, sondern eher im Bereich von 10 Kilogramm. Und Sie müssen beim Basteln keine Garantiebedingungen mehr beachten. Sie können also zum Beispiel den Alurahmen der Panels einfach anbohren, um Löcher für die Aufhängung zu schaffen.

Gut zu wissen

Soweit es von der Hausrat- oder Wohngebäudeversicherung keine schriftlichen Auflagen gibt, die Balkonanlage durch einen Elektriker „abnehmen“ zu lassen, ergeben sich für den Versicherungsschutz keine Nachteile.

Batteriespeicher

Wie bereits geschildert, wird die überwiegende Mehrheit der Balkonkraftwerke ohne einen Batteriespeicher betrieben, sondern vom Wechselrichter ausgehend direkt ins Hausnetz eingesteckt.

Rein wirtschaftlich betrachtet, lohnten sich die Anschaffung und der Betrieb von aufladbaren Batteriespeichern bei einem regulären Balkonkraftwerk mit einer Leistung der Panels von 800 bis 1000 $\text{Watt}_{\text{peak}}$ bisher nicht, da dieses über den direkten Verbrauch im Haushalt hinaus kaum mehr Strom liefern kann. Anders sieht das bei den geänderten zugelassenen Leistungswerten für Balkonkraftwerke seit 2024 aus. Jetzt dürfen Panels mit einer Leistung von 2000 $\text{Watt}_{\text{peak}}$ eingesetzt werden. Wir haben das in unseren zwei aktuellen Modellrechnungen (siehe Seite 46–49) gezeigt und widmen uns später auch noch einmal detailliert dieser Frage (siehe ab Seite 154).

Für den findigen Selbstmacher stellt sich hier die Frage, ob man nicht einfach einigen gebrauchten Pkw-Batterien ein zweites Leben geben kann. Generell eignen sich Starterbatterien, die schon jahrelang in Autos ihren Dienst verrichtet haben, nicht sonderlich dafür. Man muss sich darauf einstellen, dass sie nach kurzer Betriebszeit an der PV-Anlage wegen Defekten ausfallen können. Außerdem haben normale Blei-Säure-Batterien, wie sie in Pkw verbaut werden, nach ein paar Jahren bereits einen Großteil ihrer Ladekapazität eingebüßt. Nicht umsonst werden sie bei Autos in der Regel nach rund fünf Jahren ausgewechselt. Das bestätigen auch Erfahrungsberichte aus der Praxis, die online von den Teilnehmern in Photovoltaik-Foren ausgetauscht werden.

Auch technisch ist das nicht ganz anspruchslos. Damit ein Wechselrichter startet, muss man die Autobatterien in Reihe schalten, weil man mindestens 20 bis 24 Volt Gleichspannung am Wechselrichtereingang braucht. Und zwei oder mehrere gebrauchte Batterien lassen sich wegen der unterschiedlichen Restkapazitäten nur schwer in Reihe schalten.

Alternativ können die alten Batterien parallel geschaltet und mit einem Gleichspannungskonverter auf 20 bis 24 Volt Gleichspannung hochgeregelt werden und damit den Eingang des Wechselrichters einspeisen. Das ist wegen Energieverlusten des Gleichspannungskonverters nicht ganz so effektiv, wäre bei dieser Konfiguration aber wohl praktischer. Dafür müssen Sie für den Konverter selbst je nach gewünschter Leistung mit Zusatzkosten von rund 50 Euro bis über 100 Euro rechnen.

Und noch etwas zum Aufstellungsort: Autobatterien sollten nicht in geschlossenen Räumen betrieben werden, weil beim Laden von Bleibatterien durch Elektrolyse die Gase Wasserstoff und Sauerstoff entstehen. Die Mischung, das sogenannte Knallgas, ist explosiv. In der Umgebung der Batterien bildet sich im geschlossenen Raum eine explosionsfähige Atmosphäre.

Die Verkabelung

20 Jahre alte Solarpanels sind häufig viel kleiner als die gegenwärtigen Standardpanels. Um aber auch nur einen Standard-Mikrowechselrichter für ein modernes Panel mit rund 400 bis 450 Watt Einspeiseleistung auszulasten, müssen Sie drei bis vier 100-Watt-Module parallel schalten – nicht hintereinander weg in Serie! Dadurch könnte die Spannung zu stark steigen, da die Spannung dann addiert würde, was dazu führen könnte, dass Ihnen der Wechselrichter durchbrennt.

Für diesen Fall gibt es einen Adapter, mit dem Sie mehrere Solarmodule zusammenschließen können. Damit ist das parallele Zusammenschalten der Module kein Problem, ohne dass Sie an den Kabeln selbst Hand anlegen müssten. Je nach Standort und Aufhängung des Balkonkraftwerks kann es auch notwendig werden, ein Verlängerungskabel mit MC4-Steckern zu nutzen.

Achtung: Wenn Sie gebrauchte Solarpanels verwenden, sollten Sie darauf achten, ob Sie für die Steckerverbindung einen Adapter benötigen. Alte Solarmodule haben häufig noch MC3-Stecker, die mit den heute gebräuchlichen MC4-Steckern verbunden werden müssen. Das ist grundsätzlich kein Problem, da es auch Adapter von MC4 auf MC3 gibt. Bei aktuellen Solarpanels für Ihr Balkonkraftwerk sollte es diese Probleme nicht geben. Denken Sie auch daran, wo der oder die Wechselrichter angebracht werden und wie lang die Strecken der Stromanschlusskabel mit Schuko- oder – selten – einem Wieland-Stecker bis in die nächste Haushaltssteckdose sind.

Leistungsmessungen

Vor der endgültigen Selbstmontage des Balkonkraftwerks machen Sie am besten einen Funktionstest: Stecken Sie zunächst den Netzstecker ein, dann verbinden Sie die Solarpanels mit dem Wechselrichter. Ist der Wechselrichter nicht schon mit einer eingebauten Leistungsmessung und -übertragung per Funk (im WLan) ausgestattet, gibt es zur Leistungsmessung verschiedene Optionen am Markt, etwa spezielle Solar-Einspeisesteckdosen mit Stromzähler.

Um den produzierten Solarstrom selbst zu messen, gibt es auch Zwischenstecker, die per WLan den Solarertrag übermitteln können. In jedem Fall sollten Sie bei WLan-Lösungen darauf achten, dass das Signal stark genug ist. Achten Sie darauf, dass es sich bei der Messsteckdose um eine gegen Spritzwasser geschützte Feuchtraumsteckdose handelt. Die Feuchtraumsteckdose misst zwar normalerweise den Verbrauch, aber hier ist dies mit der Einspeisung gleichzusetzen.

Prüfen Sie so, ob die Leistung im erwarteten Bereich liegt. Bei schönem Wetter, senkrechter Ausrichtung zur Sonne und ohne Schattenwurf sollten bei Panels ab etwa 1200 W_p an der Netzsteckdose dann vom Wechselrichter tatsächlich die 800 Watt Wechselstrom ankommen.

Ein Balkonkraftwerk installieren

Bei der Montage der Solarpanels steht immer die Sicherheit im Vordergrund. Die Module müssen nicht nur bei Sonnenschein stabil angebracht sein, sondern auch einen Sturm unbeschadet überstehen.

Insbesondere wenn Sie die Panels an der Außenseite der Balkonbrüstung anbringen wollen, müssen Sie gewährleisten, dass die Module bei starkem Wind nicht abstürzen und zum Beispiel Fußgänger ernsthaft verletzen können.

Für Balkonkraftwerke gilt anders als für größere Photovoltaikanlagen keine Höhenbeschränkung: Sie müssen also nicht ab einer Installationshöhe von vier Metern besondere technische Auflagen der DIN 18008–2 erfüllen. Die weitverbreitete Auffassung, dass bei Balkonkraftwerken ab einer Höhe von vier Metern spezielle Gläser für die Solarmodule erforderlich seien oder nur leichte Folienmodule eingesetzt werden dürften, stimmt also nicht. Umso wichtiger bleibt es, die Solarmodule gut gegen ein unbeabsichtigtes Herunterfallen zu sichern. Die Module dürfen also nicht nur einfach an den Haken am Balkongeländer eingehängt werden, sondern müssen mit einer Verschraubung gesichert sein, wie es etwa die Aufbauanleitung auf Seite 148/149 zeigt.

Aber auch aufgeständerte Module auf waagerechten Flächen wie zum Beispiel Ga-

Aufgeständertes Balkonkraftwerk auf ebener Fläche.
Wichtig ist hier, die nicht im Untergrund verankerten Panels mit schwerem Ballast gegen starken und böigen Wind zu stabilisieren.

ragendächern müssen entweder mit dem Untergrund verschraubt oder mit ausreichenden Mengen Ballast beschwert werden. Empfehlungen aus der Praxis raten zu mindestens 40 Kilogramm pro Modul bei waagerechter Aufstellung und zu 60 Kilogramm bei senkrechter (hoher) Ausrichtung der Module.

Was ist wichtig bei der Installation?

Zusätzlich zur Befestigung der Module sind folgende Voraussetzungen zu klären:

Pro Modul, das man montieren möchte, müssen Sie mit einer freien Fläche von etwa 1,75 mal 1,15 Metern rechnen.

Wo liegt die nächste Steckdose, über die Sie den erzeugten Strom einspeisen können? Sowohl für einen Anschluss außen als auch innen braucht man ein ausreichend langes Kabel zwischen Wechselrichter und Steckdose. Am besten ist das eine witterungsgeschützte Außensteckdose in der Nähe des Montageorts.

Das Anschlusskabel des Balkonkraftwerks in das Hausinnere zu führen ist nur die zweitbeste Option. Man muss dazu durch die Wand oder einen Fensterrahmen bohren, um das Kabel durchzuführen und anzuschließen. Hier ist zusätzlich auf eine gute Isolierung und Abdichtung der Durchführung gegen Feuchtigkeit zu achten.

Eventuell kommt auch ein kurzes Flachkabel in Betracht. Hierbei handelt es sich um ein extrem flaches Kabel, das zwischen Fensterflügel und Fensterrahmen oder auch unter der Balkontür durchpasst. Das Kabel besteht aus geflochtenem Kupferdraht und ist nur gut einen Millimeter dick. Damit ist es dünn und flexibel genug, um zwischen Rahmen und Fenster eingeklemmt zu werden. Wer zwei Balkonsolarmodule im Ein-

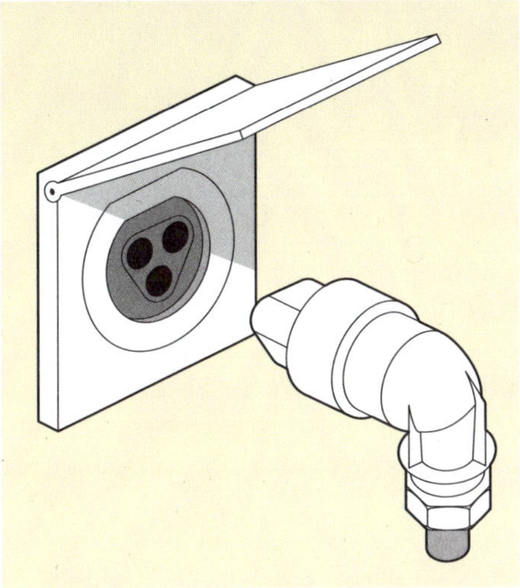

Die Wieland-Steckerverbindung bietet gegenüber der normalen Schuko-Steckdose zusätzliche Sicherheitsmerkmale, ist aber nicht mehr vorgeschrieben.

Durchs geschlossene Fenster. Mit MC4-Flachkabeln führen Sie den Strom von den Panels in den Raum zum Wechselrichter, ohne Wand oder Rahmen zu durchbohren.

satz hat, benötigt zwei Exemplare. Der Preis einer Fensterdurchführung für MC4-Kabel lag Anfang 2024 bei knapp 20 Euro. Hersteller geben zu dem Flachkabel aber gleich den Hinweis mit, dass das Fenster oder die Fenstertür nicht häufig geöffnet und wieder geschlossen werden sollte. Die Sonderkabel sollten also besser nicht bei einer Balkon- oder Terrassentür Anwendung finden, die in ständiger Benutzung ist.

Welche Steckdose braucht man für den Anschluss?

Eine Diskussion zieht sich durch sämtliche Interessengruppen hindurch. Manche Institutionen erwecken den Eindruck, eine spezielle fingersichere Steckdose sei gefordert, nach dem bekanntesten Hersteller auch „Wieland-Dose" genannt. Bei einem Defekt an der Plug-in-Solaranlage kann kein Finger an ein spannungführendes Teil geraten, weil der Stecker keine offenen Kontaktstifte hat. Die wettergeschützte Dose installiert ein Elektriker in ein bis zwei Arbeitsstunden, was schnell 150 Euro kosten kann.

Pflichten oder Gesetze zu diesem Thema gibt es jedoch nicht. Auch wenn aufgrund geschäftlicher Interessen immer wieder der Eindruck vermittelt werden soll, dass für den Anschluss eines Balkonkraftwerks nur eine spezielle Einspeisedose mit Wieland-Stecker verwendet werden darf, erfüllt jeder handelsübliche Schuko-Stecker die VDE-Norm, auf die gern Bezug genommen wird, genauso gut.

Eine gleichwertige Sicherungslösung ist bereits im Wechselrichter des Balkonkraftwerks enthalten: Wenn man den Schuko-Stecker, der Strom aus der Mini-Solaranlage einspeist, zieht, stoppt der Wechselrichter der Anlage innerhalb von Millisekunden den Stromfluss.

HÄTTEN SIE'S GEWUSST?

In den Jahren 2022 bis August 2024 wurden in Deutschland laut Statista offiziell bereits über 580 000 „Steckerfertige Photovoltaikanlagen" in Betrieb genommen.

Rund 90 Prozent aller Balkonkraftwerke sind aber gar nicht an einem Balkon installiert.

Stecker-Solarkraftwerke werden auch auf Terrassen, Carports, in Gärten oder auf Dachflächen aufgestellt.

Damit die Installation überall ohne professionelle Hilfe erfolgen kann, gibt es für die Solarpanels von vielen Anbietern Pakete für unterschiedliche Montagesysteme wie die Aufständerung sowie für Ziegeldächer, Holz- und Blechdächer, runde oder eckige Balkone.

Ein Qualitätsmerkmal ist die Zertifizierung durch den TÜV Süd.

Wenn Sie nun geklärt haben, wo Sie Ihr Balkonkraftwerk anbringen möchten, stellt sich immer die Frage nach dem Wie.

Wie die Montage eines typischen Balkonkraftwerks erfolgt, beschreiben wir in Text und Bild ab Seite 145.

Nach der Montage und dem Anschluss ans Heimnetz beginnt die Einspeisung von Strom. Künftig sollte Ihre Stromrechnung also deutlich kleiner ausfallen.

Wenn Ihr Wechselrichter eine WLan-Verbindung ermöglicht oder Sie eine WLan-Messsteckdose zwischengeschaltet haben, können Sie jetzt noch mithilfe der jeweiligen Hersteller-App die Anzeige des Steckerkraftwerks auf Ihrem Smartphone oder Tablet installieren.

Viele Wechselrichter sind noch standardmäßig auf eine Ausgangsleistung von 600 Watt (W) gedrosselt. Verfügt der Wechselrichter über WLan und hat Zugang ins Internet, wird diese Drosselung von vielen Herstellern per Software-Update automatisch auf eine Ausgangsleistung von 800 W hochgesetzt. Die Leistungsmessung kann auf dem Smartphone oder Tablet per App und WLan-Anbindung erfolgen.

Und nicht vergessen: Die Anmeldung des Balkonkraftwerks bei der Bundesnetzagentur im Marktstammdatenregister (MaStR) muss innerhalb eines Monats nach der Inbetriebnahme erfolgen.

Grundsätzlich ist es empfehlenswert, wenn ein Elektriker oder eine Elektrikerin die installierte Anlage abnimmt. Es wird allerdings nicht einfach sein, einen Profi dafür zu finden, wenn dieser oder diese nicht gleich den Auftrag für das Balkonkraftwerk bekommt. Soweit es von der Versicherung keine Auflagen gibt, die Balkonanlage durch einen Elektriker „abnehmen" zu lassen, ergeben sich für den Versicherungsschutz jedenfalls weder Vor- noch Nachteile.

Den besten Ertrag herausholen

Beim Balkonkraftwerk spielt die Ausrichtung die Schlüsselrolle für den besten Solarertrag. Zu berücksichtigen sind Himmelsrichtung, Neigungswinkel der Module und Verschattungen.

Die stärkste Sonneneinstrahlung kommt in unserer Hemisphäre aus dem Süden. Der Schluss liegt nahe, dass ein Balkonkraftwerk also im besten Fall nach Süden ausgerichtet sein sollte. Doch so einfach ist es tatsächlich nicht. Optimal nach Süden ausgerichtete Solaranlagen erzeugen über den Tag verteilt morgens erst einmal wenig Strom, dann bis Mittag immer mehr, ehe ihre Leistung ab dem Nachmittag wieder absinkt. Die meisten Privathaushalte verzeichnen ihren höchsten Verbrauch aber morgens und abends, nicht um die Mittagsstunden herum.

Clevere Nutzer richten ihre Module daher nach Osten und nach Westen aus. So ist ein Teil der Anlage schon bei Sonnenaufgang produktiv, während der andere in den Abendstunden mehr einbringt. Der Süden bleibt frei.

Die Investitionssumme ist damit wegen der aufwendigeren Montage zunächst höher. Und der eingesetzte Wechselrichter muss über zwei separate MPP-Tracker verfügen, um beide Panels immer im optimalen Leistungsbereich zu halten. Im Gegenzug steigt der verbrauchte Eigenstromanteil. Aber auch hier muss über die geeigneten Wechselrichter (die den Gleichstrom aus den PV-Modulen in für Elektrogeräte nutzbaren 230-Volt-Wechselstrom umwandeln) sichergestellt sein, dass die Ausgangsleistung bei 800 Watt gedeckelt wird.

Eine andere Option besteht darin, den tagsüber produzierten Strom aus der eigenen Anlage in einem Zwischenspeicher, einem Akku, zu speichern, der dann abends genutzt werden kann, wenn der Strombedarf im Haushalt ansteigt. Mehr zu Pufferspeichern lesen Sie auf Seite 154.

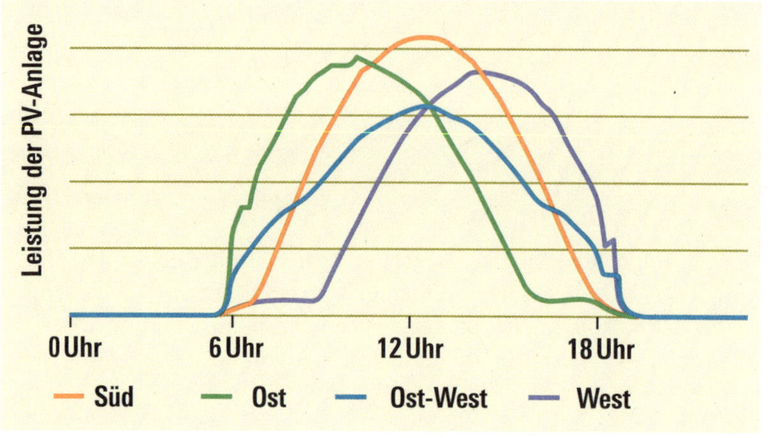

Stromerzeugung mit unterschiedlicher Ausrichtung der Panels. Die grüne Linie zeigt die Stromproduktion bei der Ausrichtung der PV-Panels nach Osten, die violette Linie die Ausrichtung nach Westen. Die blaue Linie ist der resultierende Verlauf aus einer Kombination von Ost- und West-Aufstellung. Orange Linie: Den größten Ertrag mit der Leistungsspitze in den Mittagsstunden liefern Panels bei der Ausrichtung nach Süden.

Der richtige Neigungswinkel

Die Richtung der Sonneneinstrahlung schwankt bekanntlich nicht nur im Tagesverlauf, sondern auch jahreszeitlich mit den Extrempunkten im Sommer und im Winter.

Den in der Summe höchsten Ertrag pro Tag gibt es auf der Nordhalbkugel in der Regel, wenn man die PV-Panels nach Süden ausrichtet. Der optimale Neigungswinkel hängt jeweils von der geografischen Breite des Standorts ab. In Deutschland, das sich vom 47. bis 55. Grad nördlicher Breite erstreckt, beträgt der optimale Neigungswinkel in Deutschland zwischen 30 und 36 Grad zur Horizontalen, was ziemlich flach ist.

In Süddeutschland steht die Sonne insgesamt steiler am Himmel als in Norddeutschland, weshalb der optimale Neigungswinkel im Norden insgesamt steiler ausfällt als im Süden. Man versucht also, je nach örtlichen Gegebenheiten den Neigungswinkel so einzustellen, dass über das ganze Jahr gesehen die höchsten Erträge erzielt werden können. Wir haben für unsere Berechnungen 35 Grad angenommen. Wie die nebenstehende Grafik und die Tabelle auf Seite 142 zeigen, ist der Jahresertrag bei Südausrichtung erwartungsgemäß dann auch am höchsten.

Ein weiterer leistungsbestimmender Faktor ist die Abweichung der Panelfronten von der reinen Südausrichtung. Besteht eine größere Abweichung nach Westen oder Osten, sollte der Neigungswinkel eher flacher gewählt werden. So lassen sich mit einem Winkel von 0 Grad auch bei Ost-West-Anlagen noch etwa 90 Prozent des maximalen Ertrags erreichen (siehe Tabelle). Dazu braucht man dann einstellbare Aufständerungen. Interessant ist, dass die Ausrichtung nach Osten leicht besser abschneidet als die Ausrichtung nach Westen hin.

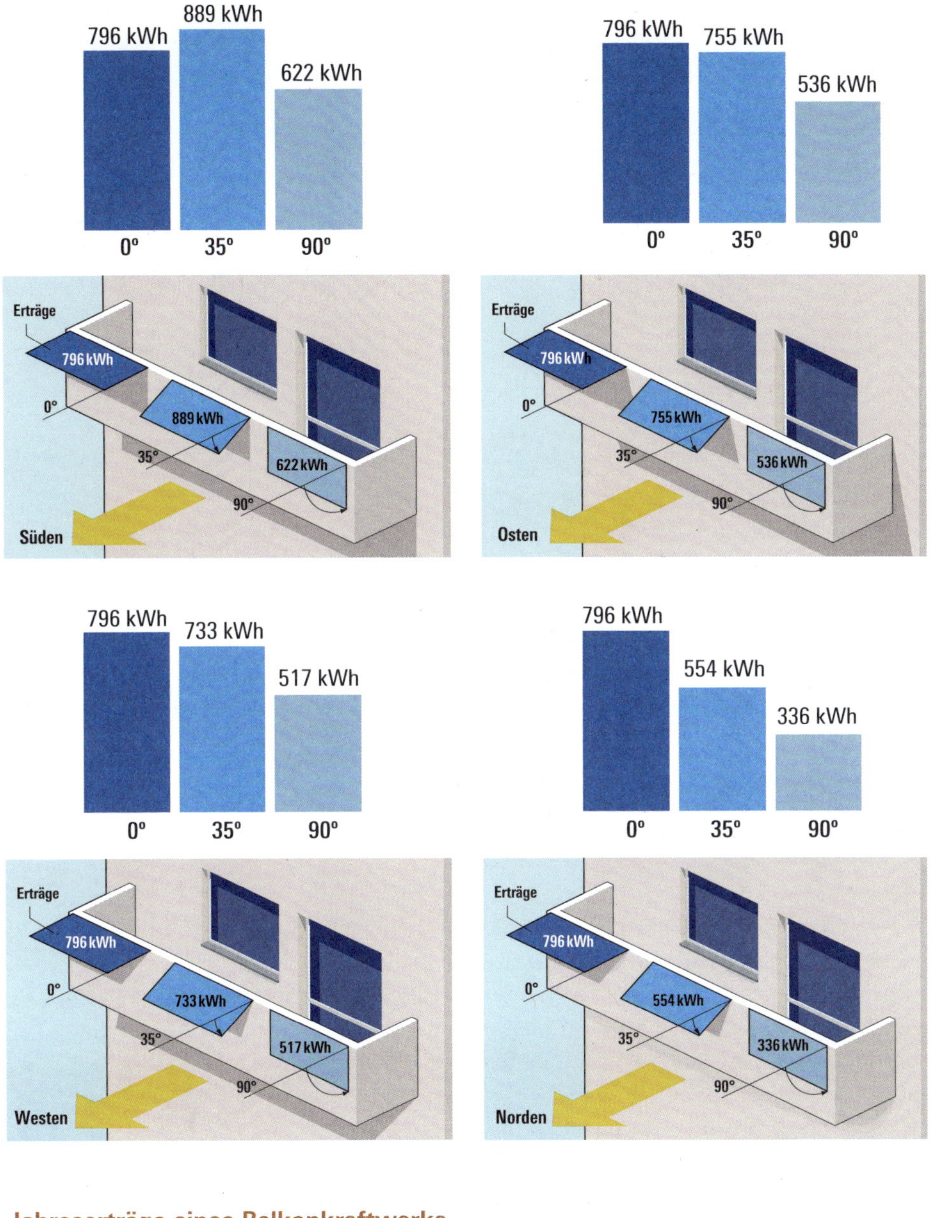

Jahreserträge eines Balkonkraftwerks

Mit unterschiedlicher Neigung und in Abhängigkeit von der Himmelsrichtung ergeben sich für ein Balkonkraftwerk mit zwei Panels (900 Wp) und 800 W maximale Einspeiseleistung jährliche Erträge von 336 kWh im schlechtesten Fall bis zu 889 kWh bei idealer Ausrichtung. Das sind enorme Unterschiede für ein und dieselbe Stecker-Solaranlage.

Stromerzeugung pro Jahr für ein Balkonkraftwerk

Ausrichtung		Neigungswinkel zur Waagerechten		
		0°	35°	90°
0°	Süd	796 kWh	889 kWh	622 kWh
45°	Süd-West	796 kWh	842 kWh	599 kWh
45°	Süd-Ost	796 kWh	859 kWh	620 kWh
90°	Ost	796 kWh	755 kWh	536 kWh
90°	West	796 kWh	733 kWh	517 kWh
135°	Nord-West	796 kWh	605 kWh	403 kWh
135°	Nord-Ost	796 kWh	621 kWh	409 kWh
180°	Nord	796 kWh	554 kWh	336 kWh

Wie haben wir gerechnet?

Unser Modell ist ein Balkonkraftwerk mit 2 Panels je 450 $Watt_{Peak}$ = 900 $Watt_{Peak}$ und Wechselrichter mit 800 Watt Leistung. Die Wohnung liegt im Dachgeschoss mit Flachdach, daher keine Verschattung der Panels bei waagerechter Ausrichtung. Die Ausrichtung des Balkons variiert von Süd (= 0°) bis Nord (= 180°). Die Montage der Panels erfolgt jeweils in Winkeln von 0° (waagerecht), 35° (empfohlener Winkel) und 90° (senkrecht). Die Werte wurden berechnet mit dem Stecker-Solar-Simulator der Hochschule für Technik und Wirtschaft HTW Berlin. Alle Ertragswerte sind Näherungswerte.

Weist die Oberfläche der Photovoltaikpanels zu steil nach oben, kann die Einstrahlung der Sonne im Sommer stark reflektiert werden, was dann zu einer reduzierten Absorption, also geringerer Energieaufnahme führt.

Ist der Neigungswinkel hingegen flacher, können im Winter die Strahlen der niedrig stehenden Sonne nicht effizient absorbiert werden, was zu einer geringen Energieproduktion führt. Optimal wäre im Winter sogar ein steilerer Winkel von bis zu 60 Grad zur Horizontalen und darüber hinaus.

Achten Sie beim Kauf darauf, dass Ihr Balkonkraftwerk mit einer verstellbaren Halterung geliefert wird, die es ermöglicht, den Neigungswinkel dem Wechsel der Jahreszeiten anzupassen. So lässt sich die Energieproduktion um bis zu 20 Prozent steigern.

Verschmutzung und Verschattung

Praxistests haben gezeigt, dass es bei schräg aufgestellten oder angehängten Solarpanels im Vergleich zu senkrecht angebrachten einen Nachteil gibt, der nicht zu vernachlässi-

Möglichst Sonne satt
Jeder Schatten auf den Photovoltaikpanels mindert den Stromertrag messbar.

gen ist: Sie verschmutzen im Lauf der Zeit deutlich stärker, wenn es nicht genügend regnet, was den Wirkungsgrad wiederum reduziert. Erst ab einem Neigungswinkel von etwa 12 Grad zur Horizontalen reinigt abfließendes Regenwasser die Oberflächen der Solarmodule. Bei flacher aufgestellten Panels muss man die Fronten regelmäßig reinigen.

Und in Regionen mit häufigen Schneefällen sollten Solarmodule mit einem Neigungswinkel von mindestens 30 Grad installiert werden, damit der Schnee von selbst abrutschen kann.

Wenn es um die optimale Lichtausbeute durch das Stecker-Solarkraftwerk geht, spielt auch die Frage einer möglichen Verschattung eine wichtige Rolle. Ein Laubbaum vor dem Balkon oder der Terrasse, dessen nackte Äste im Winter kein großes Hindernis darstellen, kann im Sommer mit vollem Laub täglich mehrere Stunden einen Schatten auf die Panels des Balkonkraftwerks werfen, was deren Leistung deutlich reduziert. Im Sommer spannt man auf dem Balkon oder der Terrasse auch gern einen großen Sonnenschirm auf, um etwas Schatten zu bekommen. Hoffentlich verschattet der dann aber nicht auch gleichzeitig die installierten Solarmodule.

Insbesondere bei Stecker-Solaranlagen sind Teilabschattungen im Tagesverlauf, die durch benachbarte Häuser oder Bäume auftreten, absolut erwartbar. Grundsätzlich ist der Effekt der überproportionalen Redukti-

Unser Tipp

Sie kennen das schon: Wer auf dem Balkon den maximal möglichen Solarstromertrag wünscht, muss die Solarpanels in einem schrägen Winkel anbringen. Dafür bieten die Unternehmen vorgefertigte Halterungen an. Die abgewinkelten Module sind aber anfälliger für eine höhere Windlast, die sich aus dieser Anbringung ergibt. Sie sollten dann darauf achten, dass die Befestigung sehr stabil ist. Mechanisch einfacher zu handhaben sind senkrecht an der Balkonbrüstung verankerte Module.

Immer der Sonne zugewandt
Die aktive Nachführung der Panels ist nur bei Großanlagen auf dem freien Feld wirtschaftlich.

on der elektrischen Leistung physikalisch bedingt und damit unvermeidbar, allerdings treffen die Hersteller von Solarmodulen durch die Einteilung der Module in Einzelsegmente und durch die Integration von sogenannten Bypassdioden Vorsorgemaßnahmen, die dazu dienen, diesen Effekt möglichst gering zu halten.

So haben wir in unserer Untersuchung von Stecker-Solaranlagen (test 5/2024) bestimmt, wie stark die Stromleistung bei einer Abdeckung der Panels sinkt. Im Test haben wir die Oberfläche der Panels zu einem Viertel abgedeckt. Die beste Anlage brachte dann gerade noch etwas mehr als die Hälfte ihrer Leistung. Für alle Panels aus dem Test galt: Lagen sie zur Hälfte im Dunkeln, erzeugten sie gar keinen Strom mehr.

Da die geprüften Module hinsichtlich ihrer Anzahl der Solarzellen und Anordnung der Bypassdioden sehr ähnlich waren, haben sie in diesem Prüfpunkt auch ähnlich abgeschnitten. Technisch wäre es aber möglich, die Module so zu gestalten, dass sie weniger schattenempfindlich sind. In unserem Testfeld hatte die etwas höhere Anzahl an Zellen zum Beispiel einen leichten positiven Effekt. Bei anderer Bypass-Anordnung wäre noch mehr möglich.

Was bringen Solartracker?

Solartracker sind bewegliche Halterungen für Solarpanels, die die Solarmodule immer im möglichst optimalen Winkel zur Sonne ausrichten. Mittlerweile gibt es solche Nachführsysteme auch für private Balkonkraftwerke, die die Stromerträge gegenüber fest installierten Panels messbar steigern. Allerdings müssen derartige Nachführsysteme bezahlt werden, die Solar-Tracker verbrauchen zudem selbst Strom für die aktive Nachführung mit Stellmotoren und müssen zusätzlich regelmäßig gewartet werden. Für Balkonkraftwerke dürfte sich damit unter normalen Umständen fast nie ein wirtschaftlicher Vorteil generieren lassen. Der finanzielle Mehraufwand steht in keinem Verhältnis zu den dadurch generierbaren zusätzlichen Erträgen.

Installation am Balkon

Ist mit dem Vermieter oder den Miteigentümern des Hauses geklärt, dass eine Anbringung an der Balkonbrüstung in Ordnung ist, können Sie Ihre Mini-PV-Anlage dort installieren.

Um Solarpanels außen an der Balkonbrüstung anzubringen, muss diese tragfähig genug sein. Die meisten Solarmodule aus Glas (Maße etwa 1,50 Meter mal 1,00 Meter) wiegen 20 bis 25 Kilogramm. Bei zwei Modulen nebeneinander sind das schon bis zu 50 Kilogramm. Hinzu kommt das Gewicht des Wechselrichters und der Traggestelle, wenn die Module angewinkelt werden sollen. Es gibt auch leichtere Module aus Kunststoff, die unter 10 Kilogramm wiegen. Sie bringen aber einen geringeren Ertrag und gelten als weniger langlebig.

Prüfen Sie zusätzlich, wie jedes Modul beziehungsweise die Halterung am unteren Ende gesichert werden kann.

Die Montage – Schritt für Schritt

Für unsere bebilderte Montageanleitung kam das Absaar Balkonkraftwerk 600 Watt / 800 Watt (2 mal 410 W) zum Einsatz, das wir bei einem Baumarkt bestellt und abgeholt haben.

Im Lieferumfang für den Balkon zum Anschluss ans Stromnetz des Haushalts gehörten in diesem Paket:

- 2 Solarpanels mit je 410 $\text{Watt}_{\text{Peak}}$ Leistung
- Ausgangsleistung auf 600 W gedrosselt mittels eines Deye Mikro-Inverters VDE 4105 (mit externem Schutzrelais)
- WLan-Anschluss ermöglicht Software-Update auf 800 W Ausgangsleistung.
- Drei DC-Verlängerungskabel, je ein Meter lang
- Die Gerüstträger und die Halterungen waren im Angebotspreis für das Paket mit enthalten.

Bevor Sie mit dem Auspacken loslegen, sollten Sie noch ein paar Vorbereitungen treffen:

- Die großen Solarpanels und die zwei Tragegerüste brauchen eine größere Arbeitsfläche. Der Balkon sollte deshalb vorher freigeräumt werden, sodass man ungestört darauf arbeiten kann.
- Als Werkzeug brauchen Sie hier nur Maul- oder Ringschlüssel für die Verschraubungen der Tragegerüste und ein Maßband, um die Abstände der Befestigungslöcher in den Rahmen der Panels zu messen.
  Ein paar Kabelbinder können genutzt werden, um die Kabel an der Balkonbrüstung zu befestigen.

01 Bei Selbstabholung ist ein großer Wagen oder Dachgepackträger nötig. Das Ein- und Ausladen erfolgt am besten zu zweit.

02 Auch bei Lieferung ans Haus: Überprüfen Sie die Verpackungen bei Ankunft auf sichtbare Beschädigungen.

03 Alle benötigten Teile vorsichtig auspacken. Die flachen Kartons der Panels nicht mit dem beliebten Cuttermesser aufschneiden.

04 Alles da? Inhalte auf Vollständigkeit und auf Beschädigungen – eventuell durch den Transport – prüfen!

05 Alle benötigten Bauteile zusammen mit den Werkzeugen bereitlegen. Bei der Montage exakt nach der beiliegenden Bedienungsanleitung vorgehen.

06 Die Gerüstelemente der Balkonbefestigung zusammenschrauben und den Winkel zur optimalen Ausrichtung der Solarpanels vorgeben.

07 Dabei die Abstände der Befestigungslöcher für die Montage der Rahmenelemente beachten.

08 Die Panelträger an den vorgelochten Stellen der Panelrahmen festschrauben.

09 Die Montage kann etwas knifflig sein. Trotzdem ist auf eine feste Verbindung zu achten.

10 Beide Panels auf gleiche Weise mit den Gerüstdreiecken verschrauben.

11 An der Oberseite der Tragegerüste die Haken für das Balkongeländer ansetzen. Rund passt immer. Ideal wären hier flache, kantige Haken.

12 Die Haken fest am Gerüst verschrauben. Prüfen Sie durch Rütteln an den Gerüstdreiecken, ob diese fest mit den Panels verbunden sind.

13 Mit vereinten Kräften das erste Solarpanel am Tragegerüst über die Balkonbrüstung heben und mit den Haken einhängen.

14 Verfahren Sie mit dem zweiten Solarpanel ebenso wie mit dem ersten und hängen es mit den Haken ein.

15 Den ersten Haken mit der Sicherungsschraube gegen ein Aushebeln sichern.

16 Mit der Sicherungsschraube für den zweiten Haken auf der Innenseite wird gleich auch der Wechselrichter befestigt.

17 Die Solarmodule haben jeweils ein Kabel für den Plus- und den Minuspol. Diese Kabel sind mit verpolungssicheren Steckern ausgestattet.

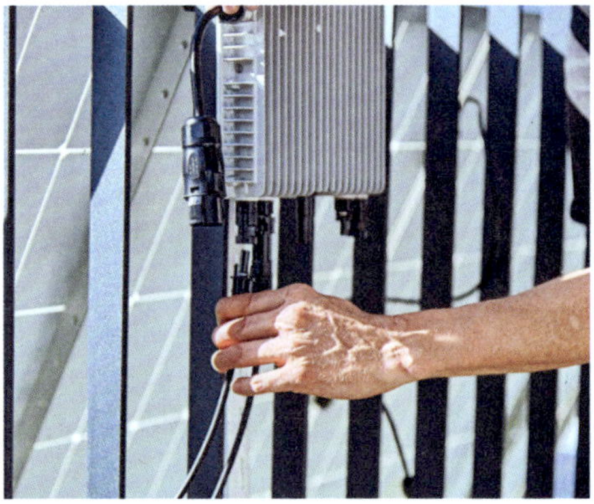

18 Nun beide Ausgangskabel (Plus und Minus) des einen Panels – gegebenenfalls mit einer Verlängerung – an den passenden Gleichspannungseingängen am Wechselrichter einstecken.

19 Analog die Ausgangskabel des zweiten Moduls – nach Bedarf auch mit Verlängerung – an die anderen zwei Gleichspannungseingänge des Wechselrichters einstecken.

20 Die zwei Solarpanels sind hier fertig mit dem Wechselrichter verkabelt. Lose hängende Kabel können Sie noch am Balkongitter entlangführen und mit Kabelbindern befestigen.

21 Jetzt am Wechselspannungsausgang des Wechselrichters das externe Schutzrelais anstöpseln.

22 Am Ausgang des Schutzrelais wird das dickere Netzkabel mit 220 Volt Wechselspannung angeschlossen.

23 Das Ende des Netzkabels kann hier in eine normale Schuko-Steckdose eingesteckt werden. Dann noch die Kabelführung so legen, dass niemand darüber stolpern kann …

24 … und ab sofort sorgt die Sonne dafür, dass die Stromrechnung in Zukunft deutlich geringer ausfällt.

Die Solaranlage optimal nutzen

Da der selbst erzeugte Strom aus dem Balkonkraftwerk ohne Vergütung ins öffentliche Stromnetz abfließt, erreicht man den größten Spareffekt, indem man den produzierten Strom möglichst zu 100 Prozent selbst nutzt.

→ **Sie haben Ihr Balkonkraftwerk** erfolgreich angeschlossen und können über ein Strommessgerät oder die Hersteller-App auf dem Smartphone Ihre Stromproduktion aus der Anlage gut verfolgen.

In diesem Kapitel soll es darum gehen, wie Sie elektrischen Strom generell in Ihrem Haushalt am wirtschaftlichsten nutzen können und wie man den Ertrag aus einem Balkonkraftwerk möglichst vollständig für den Eigenverbrauch verwendet.

Wie sinnvoll ist da ein Batteriespeicher, der den tagsüber produzierten und nicht benötigten Strom zwischenspeichert, damit man abends aus dem aufgeladenen Akku die Beleuchtung, den Fernseher und vielleicht die Waschmaschine betreiben kann? Angesichts ständig fallender Preise bei den Anbietern und immer mehr Paketangeboten, bei denen ein Batteriespeicher bereits enthalten ist, muss man die Frage jeweils aktuell beantworten.

Und können Sie Ihre Stecker-Solaranlage erweitern, um künftig noch mehr Power von der Mini-Solaranlage zu beziehen? Wie sieht es da mit der Wirtschaftlichkeit aus?

Pufferspeicher und Balkonkraftwerk

Strahlungsleistung und Strombedarf im Haushalt decken sich oft nicht. Energie, die selbst nicht verbraucht wird, fließt automatisch ins öffentliche Netz ab, ohne Bezahlung.

Strom für den Eigenverbrauch zu erzeugen ergibt finanziell nur dann Sinn, wenn Sie als Produzent oder Produzentin möglichst viel davon selbst nutzen. Prüfen Sie deshalb, wie gut die Stromproduktion aus den Solarpanels und der Stromverbrauch in Ihrem Haushalt zusammenpassen (siehe dazu „Den aktuellen Stromverbrauch ermitteln" ab Seite 112). Denn nur wenn die Verbrauchs- und Einspeisungsprofile gleichförmig verlaufen oder Ihr Verbrauch grundsätzlich höher ist als die Einspeisung aus dem Balkonkraftwerk, ist Ihre Bilanz optimal.

Speisen Sie tagsüber den unverbrauchten Solarstrom aus Ihrem Balkonkraftwerk aber ins öffentliche Netz ein, wird dieser in der Regel nicht vergütet, ist also „Gratisstrom" für die Allgemeinheit. Da liegt es doch nahe, einen Speicher einzusetzen, damit der tagsüber produzierte Strom auch abends genutzt werden kann. Einige Hersteller werben damit, dass man einen aufladbaren Akku als Zwischenspeicher für ein bestehendes Balkonkraftwerk nachrüsten kann. Andere bieten gleich ein Stecker-Solarkraftwerk inklusive Stromspeicher als kompletten Bausatz an.

Damit Sie auch ohne technische Detailkenntnisse abschätzen können, wie viel Autarkie die Installation eines Balkonkraftwerks in ihrem persönlichen Fall bietet, hat die Forschungsgruppe „Solarspeichersysteme" der Hochschule für Technik und Wirtschaft HTW Berlin einen Unabhängigkeitsrechner entwickelt: solar.htw-berlin.de (Stichwort: Unabhängigkeitsrechner).

Über das kostenlose Onlinetool kann jede Nutzerin und jeder Nutzer überschlagen, wie hoch Autarkiegrad und Eigenverbrauchsanteil voraussichtlich ausfallen werden. Dazu müssen nur der Jahresstromverbrauch in kWh, die Photovoltaikleistung in kW_p und die nutzbare Speicherkapazität in kWh angegeben werden.

Der Stromspeicher

Gerade wenn tagsüber eigentlich niemand zu Hause bleibt, erscheint die Idee, den mit dem Balkonkraftwerk erzeugten Strom kurzfristig zu speichern, erst einmal folgerichtig und sinnvoll. Läuft bei Ihnen schon ein Zweirichtungszähler, haben Sie mit Anmeldung der Balkonanlage meist schriftlich auf eine Vergütung verzichtet. Und da man bei der Einspeisung ins Stromnetz keine Vergütung bekommt, könnte der tagsüber überschüssige Strom in einem Akku (zwischen-)gespeichert werden.

„Damit ein Stromspeicher für Balkonkraftwerke wirtschaftlich gesehen in Betracht kommt, muss die Stromproduktion der Photovoltaikpanels über längere Zeit oft höher sein als der direkte Verbrauch tagsüber.

Ein Stromspeicher als Puffer lohnt sich bei solch kleinen Anlagen eher nicht – weder finanziell noch für die Umwelt. Er hätte zum Beispiel in den Wintermonaten, wenn die Anlage wenig bringt und der Eigenverbrauch – etwa für Beleuchtung – hoch ist, kaum etwas zu speichern.

Damit ein Batteriespeicher für Balkonkraftwerke wirtschaftlich gesehen überhaupt in Betracht kommt, muss die Stromproduktion der Photovoltaikpanels wiederholt über längere Zeit höher sein als der Verbrauch. Im Normalfall gelingt das erst bei Anlagen mit mehr als zwei Panels. Seit April 2024 dürfen Balkonkraftwerke immerhin bis zu vier Panels mit jeweils 500 $Watt_{Peak}$ (W_P) haben, also zusammen 2000 W_p.

Die Herausforderung für ein gutes Speichermanagement besteht darin, dass der Akku beziehungsweise die Steuerelektronik immer „wissen" muss, was gerade zu tun ist. Soll Energie gespeichert werden, wenn ja, wie viel? Oder soll der Speicher jetzt entladen werden? Das lässt sich nur durch eine Erfassung des Hausverbrauchs am Zähler steuern. Die dafür nötigen Messeinrichtungen und Verbindungen zur Kommunikation zwischen Messeinheit und Batteriespeicher kosten so viel Geld, dass die Idee finanziell schnell unattraktiv wird.

Inzwischen werden aber von Anbietern komplette Pakete inklusive Batteriespeicher beworben ... und diese unterliegen einem ständigen Preisverfall. Unter welchen Umständen kann so eine Lösung trotzdem in Betracht kommen? Dafür gibt es zwei grundsätzliche Szenarien:

Sie möchten das Maximum aus Ihrem Balkonkraftwerk herausholen und den größtmöglichen Anteil des produzierten Stroms auch selbst nutzen, selbst wenn das letztlich nicht viel billiger wird als der Strom vom Versorger Ihres Haushaltsanschlusses.

Sie wollen auch im Falle eines Stromausfalls eine Stromquelle für den eigenen Haushalt nutzen können. Ein Standard-Stecker-Solarkraftwerk ist dafür zwar nicht geeignet. Im Folgenden finden Sie dennoch alle Informationen dazu, was es dafür braucht.

Ein Stromspeicher für das Balkonkraftwerk kostet – je nach Größe der Solaranlage und des Speichers – leicht noch einmal so viel wie das Stecker-Solarkraftwerk an sich. In die Rechnung mit einbeziehen sollten Sie neben dem Kaufpreis des Speichers die begrenzte Nutzungsdauer. Die Hersteller Anker und Zendure geben für ihre Produkte 15 Jahre Lebensdauer sowie 6000 Ladezyklen an, geben aber nur zehn Jahre Garantie. Beim Anbieter EcoFlow hängt die zugesicherte Lebensdauer mit dem jeweiligen Powerstation-Modell zusammen. Die „Delta-2"-Reihe gibt es zum Beispiel mit fünf Jahren Garantie und zugesicherten 3000 Ladezyklen. Das ist eher ernüchternd, wenn man das mit der deutlich längeren Lebensdauer der Balkonkraftwerke von 20 bis 25 Jahren vergleicht.

Man muss also das eigene Verbrauchsverhalten analysieren und sehr gut überlegen, ob sich die Anschaffung lohnt.

→ Strom auch bei Netzausfall?

Es wäre doch toll, könnten die wichtigsten Geräte im Haushalt wie die Kühl-Gefrierkombination oder der Internetrouter auch bei einem Ausfall des Stromnetzes in Betrieb bleiben. Kann das nicht die Balkon-Solaranlage übernehmen? Leider nein. Ein gewöhnliches Balkonkraftwerk benötigt für den Betrieb die Netzspannung, es schaltet sich bei einem allgemeinen Stromausfall ab. Batteriespeicher für Balkonkraftwerke sind nicht notstromfähig (Stand Ende März 2024).

Anders sieht es aus, wenn Sie mit dem Balkonkraftwerk eine sogenannte Powerstation einsetzen, die für die Abgabe von Energie keine Netzverbindung benötigt. Die geladenen Powerstations versorgen dann über ihre Steckdosen und USB-Anschlüsse externe Geräte – auch ohne Netz. Und das während der gesamten Dauer eines Netzausfalls, auch wenn der mehrere Tage dauern sollte. Die Photovoltaikpanels laden die Powerstation ja tagsüber immer wieder auf.

Eine Powerstation mit dem Balkonkraftwerk laden

Konzipiert sind sie für Anwendungen, bei denen man Strom benötigt, aber kein Stromanschluss erreichbar ist: Wenn Digitalkameras, Drohnen und Laptops beim mobilen Arbeiten im Van der Saft ausgeht oder Lichterketten und mobile Router mit Strom versorgt werden sollen, helfen Powerstations. Die mobilen Stromspeicher besitzen neben USB-Anschlüssen eine 12-Volt-Kfz-Steckdose (ursprünglich meist für einen Zigarettenanzünder genutzt) und mindestens eine haushaltsübliche Schuko-Steckdose.

Wir haben im Sommer 2023 elf mobile Powerstations zu Preisen von 425 bis 825 Euro getestet (test 8/2023, Seite 62 ff.), die

PV-Wechselrichter für den Inselbetrieb. Inselanlagen ohne Verbindung zum öffentlichen Stromnetz brauchen einen selbstgeführten Wechselrichter, der ohne Netzspannung von 230 Volt funktioniert. Möchten Sie Ihre Anlage also auch bei einem Stromausfall nutzen, achten Sie auf den richtigen Wechselrichter. Wichtig ist in dem Fall auch seine maximale Ausgangsleistung. Überlegen Sie, welche Geräte mit welchem Strombedarf Sie maximal zeitgleich betreiben wollen, und wählen Sie einen Wechselrichter mit passend hoher Leistung aus. Planen Sie am besten noch eine kleine Leistungsreserve zusätzlich ein.

sich alle auch per Photovoltaikmodul laden lassen. Sie hatten laut Hersteller Kapazitäten von 400 bis 644 Wattstunden Energie. Nutzbar ist davon allerdings etwas weniger, da die Geräte im Betrieb selbst etwas Strom verbrauchen.

Für die Auswahl einer Powerstation ist neben der gespeicherten Energiemenge auch wichtig, wie viel Leistung sie auf Dauer über die eingebaute Schuko-Steckdose bringt. Davon hängt ab, welche Geräte damit betrieben werden können.

Fünf der untersuchten Powerstations kamen im Gesamturteil auf ein Gut. Der Testsieger Ecoflow River 2 Max zeichnet sich insbesondere durch eine hohe Funktionalität aus und erreichte in dieser Teildisziplin als einziges getestetes Gerät sogar ein Sehr Gut. Mit 520 Euro war diese Powerstation auch unser Preistipp.

Für den mobilen Einsatz ist diese Box zwar am unhandlichsten, aber das spielt bei einem Einsatz auf Balkon oder Terrasse als Speicherlösung für die Stecker-Solaranlage eine untergeordnete Rolle.

Ein Nachteil dieser mobilen Powerstations: Als Zwischenspeicher für Balkonkraftwerke können sie den Solarstrom nicht ins Heimnetz durchleiten. Anschluss finden elektrische Verbraucher nur direkt an der Powerstation über die Schuko-Steckdose, eine 12-Volt-Kfz-Steckdose oder einen USB-Anschluss, zum Beispiel für Smartphone, Tablet oder Laptop.

Wie wichtig Ihnen das ist, müssen Sie entscheiden. Schließlich reicht die abgegebene Leistung an der Schuko-Steckdose ohnehin nicht, um zum Beispiel Kaffeemaschine, Elektrogrill, Wasserkocher, Haartrockener, einen großen Standmixer oder einen Winkelschleifer zu betreiben. Neben der Kommunikation über ein Smartphone ist für die meisten Menschen wohl am wichtigsten, dass bei einem großen Stromausfall der Kühlschrank weiterläuft und nachts ein Licht brennen kann. Diese müssen dann im

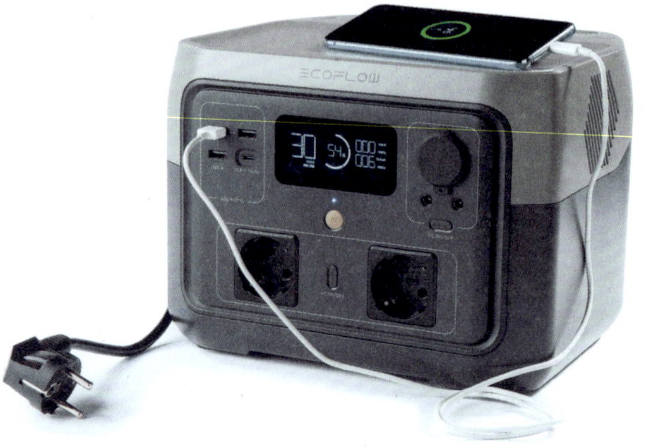

Mobile Powerstation
Batteriespeicher wie der Ecoflow River 2 Max speichern nicht ins Hausnetz ein.

Notfall über Verlängerungskabel umgesteckt werden.

Einige Anbieter vermarkten seit Kurzem spezielle Heimspeicher oder Sets zum Nachrüsten, um Powerstations direkt mit Balkonkraftwerken zu verbinden.

Und ein weiterer Punkt ist zu beachten: Wo muss oder soll ein Batteriespeicher fürs Balkonkraftwerk stehen? Die Chemie arbeitet zum Beispiel bei niedrigen Temperaturen deutlich schlechter als bei Zimmertemperatur. Am besten steht ein Batteriespeicher für das Balkonkraftwerk also geschützt in einem Innenraum. Wer den Speicher drinnen platzieren will, muss aber überlegen, wie die Kabel ins Innere geführt werden sollen. Es gibt zum Beispiel spezielle Flachkabel, die zwischen Fensterflügel und -rahmen durchgeführt werden können (siehe Seite 137).

Wenn das keine Option ist, geben die Hersteller an, was für die Aufstellung im Freien jeweils zu beachten ist. Ein wasserdichtes Gehäuse ist immer nützlich. Einige neuere Modelle verfügen sogar über eine Heizfunktion, die den Akku bei tieferen Temperaturen schont.

Eine mobile Powerstation als Speicher nachrüsten

Spezielle Batteriespeicher für Balkonkraftwerke sind teuer und funktionieren gewöhnlich nicht bei Stromausfall. Wie bereits gezeigt, können mobile Powerstations da eine alternative Speicherlösung bieten.

Wenn man bereits eine normale Stecker-Solaranlage hat, stellt sich die Frage: Wie bekommt man den Strom vom Balkonkraftwerk in die Powerstation und von dort ins Haushaltsstromnetz?

Über den vorhandenen Wechselrichter ist das dann nicht ohne Weiteres möglich. Klassische Mikrowechselrichter von Balkonkraftwerken benötigen auf der Eingangsseite mehr als 12 Volt Spannung, nur wenige Powerstations liefern das. Modelle mit 24 Volt Ausgangsspannung Gleichstrom sind (noch) Ausnahmen. Man kann deshalb – technisch ist das allerdings bereits leicht veraltet – die Powerstation parallel zum eigentlichen Balkonkraftwerk betreiben.

Der mobile Speicher wird zum Beispiel an zwei von insgesamt vier Solarpanels angeschlossen, die dann nur noch den Speicher aufladen. Damit sich das lohnt, muss die Powerstation eine ausreichend hohe Eingangsleistung (Gleichspannung) aus den Panels vertragen. Außerdem muss sie genug Speicherkapazität haben, um den Stromüberschuss der Panels zwischenspeichern zu können. Das leisten meist nur große Modelle mit einer Speicherkapazität von etwa zwei Kilowattstunden. Noch flexibler und besser sind Powerstations, deren Akku sich per Zusatzbatterie erweitern lässt.

Auf der Ausgangsseite muss der Batteriespeicher einen ausreichend starken Gleichstromausgang haben, der zum Eingang am Wechselrichter führt. Beispiel: Ein hochwertiger Ausgangswert an Powerstations sind bis 10 Ampere bei 24 Volt Gleichstrom, das sind maximal nur 240 Watt, die ins Hausnetz gehen können.

Die dritte Voraussetzung ist ein zusätzlicher Wechselrichter für den Akkuspeicher, der den Strom ins Hausnetz einspeisen kann. Der Extra-Wechselrichter muss zum Beispiel mit einer 12-Volt-Eingangsspannung klarkommen und eine regulierbare Ausgangsleistung bis maximal 500 Watt (Wechselstrom) liefern können. Der Batterie-Wechselrichter kann dann über eine Strommesssteckdose (mit WLan-Verbindung) ans Hausnetz angeschlossen werden. In den Abendstunden, wenn die Solarpanels keinen nennenswerten Ertrag bringen, startet zeitgesteuert die Einspeisung aus dem Solarstromspeicher ins Haushaltsnetz. Als alternative Zwischenlösung ist beispielsweise eine Solar-Umschaltbox erhältlich, mit der man den ankommenden Strom der Panels entweder zum Laden der Powerstation oder zur Durchleitung an den Wechselrichter umschalten kann. In der Schalterposition „0“ bleibt das Solarmodul von Wechselrichter und Powerstation getrennt. Letztlich handelt es sich dabei aber auch nur um eine manuell gesteuerte Einrichtung ohne smartes Powermanagement.

Fazit: Die Powerstation als Batteriespeicher zum Balkonkraftwerk kann zum gegenwärtigen Zeitpunkt nur noch als Bastellösung mit deutlichen Einschränkungen betrachtet werden. Für diese Selbstbaulösung muss parallel ein zweites Balkonkraftwerk aufgebaut werden, und die beiden Systeme müssen tagsüber und nachts im Wechsel eingesetzt werden. Das ist wenig bequem, außerdem würde etwa bei Sonnenschein eine Mehrleistung des Balkonkraftwerks weiterhin verloren gehen, statt im Akku zu landen. Speziell als Komponenten für das Stecker-Solargerät entwickelte Batteriespeicher können hingegen bequem an vorhandene Wechselrichter angeschlossen werden.

Als weiteres Problem bleibt die geringe und unflexible Einspeiseleistung. Letztlich kann man bei dieser Lösung nur einen festen Wert zur Einspeisung ins Hausnetz einstellen. Dieser wird dann so lange abgegeben, bis die Akkus der Powerstation leer sind. Und selbst starke Powerstations können selten mehr als 360 Watt abgeben.

Bisweilen warten Hersteller auch mit einer eigenständigen Lösung für die eigenen

Powerstations (Akku) auf, indem sie einen speziellen Wechselrichter anbieten. Dieser kann etwa den Mikrowechselrichter des Balkonkraftwerks ersetzen und eine leistungsstarke Verbindung mit der Powerstation bilden. Die Solarpanels werden dabei wie üblich an den neuen Ersatz-Wechselrichter angeschlossen. Von dort geht es per Schuko-Stecker zum Hausnetz. Über Firmwareupdates können die Fähigkeiten dieser neuen Wechselrichter auch noch erweiter werden. Dann kann man zum Beispiel zusätzliche Photovoltaikmodule an die Powerstation anschließen, die das Aufladen beschleunigen.

Ein solches System bietet den weiteren Vorteil, dass hier per WLan-Steckdose bereits eine dynamische Einspeisung möglich ist. Der Akkuspeicher speist dann die tatsächlich gerade benötigte Leistung ins Hausnetz, anstatt einfach statisch Strom abzugeben. Das ist sehr praxisgerecht, hat aber auch seinen Preis. Die Kosten für ein derartiges System überschreiten schnell die 1000-Euro-Schwelle.

Noch einfacher funktioniert die Installation des Balkonkraftwerkspeichers mit Geräten, die eine Einspeisefunktion bereits eingebaut im Gehäuse mitbringen. Das reduziert auch die Anzahl der nötigen Verbindungen per Kabel. Die neueren Modelle der Powerstations einiger Hersteller sind (Stand September 2024) auch in der Lage, die abgegebene Leistung per Zeitplan zu steuern.

Balkonkraftwerk und Smart Home

Wer sich über „intelligentes Energiemanagement" Gedanken macht, denkt ganz schnell auch daran, ein Balkonkraftwerk mit einem intelligenten Hausnetzwerk zu verbinden.

→ **Auf Deutsch ist** ein Smart Home ein „intelligentes Zuhause". Das heißt, dass in einem Smart Home Haushaltsgeräte und Haushaltsfunktionen elektronisch miteinander vernetzt sind.

Über eine zentrale Steuereinheit – ein Hub an der Wand mit Bildschirm, über eine Hersteller-App auf dem Smartphone oder Tablet – können diese programmiert und ferngesteuert werden.

Auf die „smarten" Geräte im Netzwerk kann man im Anschluss über das Smartphone, den PC oder auch das Tablet zugreifen, egal von wo. Das funktioniert über WLan, Bluetooth oder Funkkommunikationsprotokolle. Man kann so zum Beispiel den Geschirrspüler, die elektrischen Rollladen oder auch den Fernseher zeitgesteuert starten oder die Musikanlage in mehreren Räumen gleichzeitig aktivieren.

Nun, allein wegen des Balkonkraftwerks ein umfassendes Smart-Home-Netzwerk mit netzwerkfähigen Geräten anzuschaffen und einzurichten, kommt – zumindest aus wirtschaftlicher Sicht – nicht infrage. Es ist auch aus ökologischer Sicht wenig sinnvoll, für ein Balkonkraftwerk zusätzliche Stromverbraucher zu installieren.

Was aber bringt die Einbindung eines Balkonkraftwerks in ein bereits bestehendes Smart-Home-System? Ist das nicht ideal, um das stark schwankende Energieangebot aus den Solarpanels mit einer smarten Haushaltssteuerung zu kombinieren, um den Strombedarf mit dem Stromangebot zu synchronisieren?

Als Stromquelle muss das Balkonkraftwerk mit der Steuerung des Smart Homes Informationen beziehungsweise Daten austauschen können. Das heißt, dass sowohl der Wechselrichter des Solarkraftwerks als auch der Hub – die Steuerzentrale – des Smart Homes über passende Schnittstellen und einheitliche Kommunikationsprotokolle verfügen müssen, die über WLan oder Bluetooth Daten austauschen können. Das ist angesichts der Vielzahl unterschiedlicher Anbieter und Systeme auf dem Markt nicht selbstverständlich. Informieren Sie sich also selbst vor dem Kauf der Geräte und Systeme umfassend über deren Kompatibilität miteinander. Oder wenden Sie sich an einen kompetenten Elektriker beziehungsweise Anlagentechniker, der Erfahrung mit den Systemen hat.

Dass Balkonkraftwerk und Smart Home im Prinzip gut zusammenpassen, zeigt folgende Überlegung: Das smarte Netzwerk mit seinen Sensoren und Effektoren muss dauerhaft im Bereitschaftsmodus verbleiben und steht deshalb ständig „unter Strom". Die Energie aus der Stecker-Solaranlage lässt sich gut nutzen, um diesen Grundbedarf an Elektrizität komplett oder wenigstens zeitweise abzudecken.

Und über die Steuerzentrale des Smart Homes können Sie starke elektrische Verbraucher wie die Waschmaschine dann zusätzlich noch so programmieren, dass sie zur Mittagszeit starten, wenn die Stromproduktion der Solarpanels ihr tageszeitliches Maximum erreicht.

Wenn Sie die Kontrolle über Ihren Haushalt lieber selbst behalten, können Sie bei strahlendem Sonnenschein auch selbst per Befehl auf der Smartphone-App entscheiden, dass ganz nach aktuellem Bedarf ein oder mehrere Geräte gestartet werden sollen, die mit der Solarenergie betrieben werden.

Pflege, Wartung und Erweiterung

Ihr Balkonkraftwerk läuft schon seit einiger Zeit und liefert je nach Wetterlage mehr oder weniger Strom. Ansonsten kümmern Sie sich nicht groß um die Installation.

Aber was ist eigentlich zu tun, damit Sie den emissionsfreien Strom auch in Zukunft zuverlässig und mit der höchsten Ausbeute beziehen können? Die gute Nachricht: Viel Pflege braucht solch ein Balkon-Solarkraftwerk nicht.

Die maximale Leistungsfähigkeit erreichen die Solarpanels natürlich nur bei möglichst transparenten Oberflächen. Je stärker die Neigung der Paneloberflächen, desto besser reinigen sich die Panels bei jedem Regenschauer selbst. Wenn sich im Lauf der Zeit eine Schmutzschicht auf den Oberflächen absetzt oder viele Flecken durch Vogelkot ansammeln, können Sie mit einer Gießkanne mit kalkfreiem(!) Regenwasser die Module von oben nach unten ausgiebig beregnen. Man kann die Panels auch mit einer Spülmittellösung und einem weichen Schwamm reinigen und dann mit klarem Regenwasser spülen. Sie sollten das Balkonkraftwerk nur nicht gerade zur größten Mittagshitze unter praller Sonneneinstrahlung reinigen, wenn das kalte Wasser auf die heißen Glasoberflächen trifft. Das kann sonst zu Spannungsrissen im Glas führen.

Bei der Reinigung der Panels können Sie die Oberflächen auch gleich auf Beschädigungen kontrollieren und eine Reparatur oder einen Austausch in die Wege leiten, damit die Mini-PV-Anlage die gewünschten Erträge erwirtschaftet. Und Sie können auch gleich den Zustand der anderen Komponenten etwas gründlicher in Augenschein nehmen. Als am empfindlichsten erweisen sich immer wieder die Kabelverbindungen. Sitzen die Stecker noch stabil, und sind die Stecker blank? Weisen Kabel scharfe Knicke oder Brüche auf? Bricht irgendwo die Kabelummantelung? Sind der oder die Wechselrichter und die Halterungen in Ordnung? Eine bewusste Inspektion dieser Teile kann frühzeitig potenzielle Probleme identifizieren und dazu beitragen, dass diese schnell beseitigt werden.

Erweiterung eines Balkonkraftwerks

Haben Sie mit einem standardmäßigen Stecker-Solarpaket angefangen und freuen sich über die verringerte Stromrechnung Ihres Elektrizitätsversorgers, wollen Sie vielleicht

Ihre Anlage durch zusätzliche Module erweitern. Das Prinzip Stecker-Solaranlage mit den einfachen Bedingungen für Anschluss und Anmeldung wollen Sie dabei möglichst ausreizen.

Warum das – insbesondere auch für eine bessere Nutzung der Eigenversorgung – mit dem Solarstrom interessant sein kann, konnten Sie bereits im Kapitel „Mehrere Balkonkraftwerke installieren?" (siehe Seite 120) erfahren.

Rechtlich ist es aktuell (Stand September 2024) so, dass Privatpersonen grundsätzlich mehrere Photovoltaikmodule bei sich zu Hause aufstellen können, solange ein Wechselrichter deren Gesamtleistung vor der Einspeisung ins Hausnetz auf 800 Watt (W) drosselt. Die angeschlossenen Panels dürfen dabei aber nicht die Leistungsgrenze von 2000 $\text{Watt}_{\text{Peak}}$ übersteigen.

So ist es denkbar, dass man zwei kleinere Balkonkraftwerke auch auf zwei verschiedene Stromkreise (Steckdosen) aufschalten kann. Die Gesamtleistung des eingespeisten Wechselstroms darf aber wieder nicht die 800-W-Grenze überschreiten.

Die Ergänzung des bestehenden Balkonkraftwerks durch eine „große" Photovoltaikanlage – zum Beispiel auf dem Schräg- oder Flachdach – ist keine Raketenwissenschaft. Eine Erweiterung beziehungsweise Ergänzung der Balkonanlage um eine große Dachanlage geht immer, weil es sich im Grunde um zwei getrennt voneinander funktionierende Anlagen dreht. Man muss dann nur vom Anlagenplaner oder Elektriker überprüfen lassen, ob das Hausnetz ausreichend leistungsstark und elektrisch gesichert ist.

Wer bei der Installation eines Balkonkraftwerks bereits eine leistungsstarke Dachanlage betreibt, die noch eine hohe Einspeisevergütung abwirft, wird diese nicht plötzlich als Eigenverbrauchsanlage nutzen. Ein Balkonkraftwerk kann sich da bis zum Auslauf der gesicherten Abnahmekonditionen des Erneuerbare-Energien-Gesetzes (EEG) sicherlich zusätzlich lohnen, um einen Teil des Eigenverbrauchs abzudecken, wie es in den vorangegangenen Kapiteln bereits durchgespielt wurde.

Entsorgung

„Entsorgung" ist ein schönes deutsches Wort für die Tatsache, dass man seinen Kram – hier ein Balkonkraftwerk – irgendwann auch wieder loswerden will. Wenn zum Beispiel ein Umzug bevorsteht und das Balkonkraftwerk nicht mit an den neuen Wohnort ziehen kann, stellt sich die Frage: Wohin damit?

Am einfachsten ist es, wenn die bestehende Installation vom Nachmieter oder neuen Eigentümer übernommen wird. Oder man versucht, die Anlage über ein Kleinanzeigenportal zu verkaufen.

Wenn sich die Wartung nicht mehr lohnt, sind die Demontage und Entsorgung die schlechteste Lösung, aber manchmal nicht zu vermeiden.

Photovoltaikmodule enthalten immerhin wertvolle Materialien wie Silizium, Silber, Kupfer und ein spezielles Solarglas.

Das Problem wird natürlich mit der stark steigenden Anzahl von im Betrieb befindlichen Stecker-Solarkraftwerken in der Zukunft entsprechend zunehmen. Bei einer durchschnittlichen Lebensdauer von bis zu 30 Jahren ist abzusehen, dass der Müllberg aus alten Solarmodulen in den Jahren bis 2030 zusammengerechnet etwa eine Million Tonnen wiegen wird ... wenn nichts dagegen unternommen wird.

Eine befristete Zwischenlösung bieten immerhin Initiativen an, die sich heute schon für eine ressourcenschonende Weiter- und Wiederverwendung älterer Solarpanels einsetzen, zum Beispiel die von zwei jungen Elektroingenieuren gegründeten „Panelretter“ (panelretter.de).

Balkonkraftwerke – wie grundsätzlich alle Photovoltaikanlagen – gehören jedenfalls nicht in den Hausmüll, sondern müssen heute noch separat entsorgt werden. Photovoltaikpanels gelten als Elektroschrott und müssen grundsätzlich fachgerecht als Sondermüll behandelt werden, damit sie nicht zur Umweltgefahr werden. Die aktuellen Regeln dazu kennt das Abfallunternehmen Ihrer Gemeinde oder die Stadtverwaltung.

Denn in den Solarpanels stecken nicht nur wertvolle, sondern oft auch umwelt- und/oder gesundheitsschädliche Stoffe. Hier eine kleine Auswahl:

- **Blei.** Das giftige Schwermetall ist unter bestimmten Bedingungen auch löslich und gelangt damit in die Umwelt. Module auf Basis von Siliziumwafern – das ist mit über 90 Prozent Marktanteil die dominierende Bauform – enthalten häufig noch Blei.
- **Polyvinylfluoride.** Fluorierte Polymere sind chemisch sehr stabil (was sie während der Nutzung auch explizit sein sollen) und reichern sich in unserer Umwelt messbar an. Sie sind mittlerweile fast überall nachweisbar. Manche Photovoltaikmodule haben Folien auf der Rückseite, die solche Fluorpolymere enthalten.
- **Kadmiumtellurid.** CdTe-Module enthalten „Cadmium“ (aus dem Lateinischen und als Element im Periodensystem mit C) in Form von Salzen. Rein metallisches Kadmium und Kadmiumoxid sind als äußerst giftig eingestuft. Kadmiumtellurid ist zwar weniger toxisch, aber dennoch als gesundheitsschädlich zu betrachten.

Ein Problem besteht darin, dass die bisherigen Prozesse zum Wertstoffrecycling nur unbefriedigende Ergebnisse liefern, da sie nur wenige der verbauten Materialien in hoher Reinheit isolieren können, was für deren Weiternutzung aber ganz wichtig wäre.

Auch die aufladbaren Akkus (und Powerstations) haben eine begrenzte Lebensdauer, die meist mit der Anzahl ihrer Ladezyklen beziffert wird. Nicht mehr funktionsfähige oder zu schwach aufladbare Batterien sind getrennt vom Hausmüll bei öffentlichen Sammelstellen wie einem Wertstoffhof oder über den Elektronikfachhandel zu entsorgen.

Die Verkäufer von Batterien sind nach dem Batteriegesetz auch verpflichtet, Altbatterien von Kunden am oder in unmittelbarer Nähe des Ladengeschäfts unentgeltlich zurückzunehmen. Und hier kommt das „Aber": Die Rücknahmeverpflichtung gilt jeweils nur für Altbatterien der Art, die der Verkäufer als Neubatterien in seinem Sortiment führt oder geführt hat. Und er muss nur Mengen zur Entsorgung annehmen, die private Haushalte üblicherweise verbrauchen.

Neue Recycling-Ansätze

Die Suche nach neuen Ansätzen und Technologien zum „sauberen" Recycling der ausgedienten Photovoltaikpanels geht deshalb weiter voran. So wurde während der „Woche der Umwelt" in Berlin am 4. und 5. Juni 2024 das von der Deutschen Bundesstiftung Umwelt (DBU) geförderte Projekt ReGCell der SRH Hochschule Berlin vorgestellt. Darin geht es um einen neuen Prozess zur schonenden Rückgewinnung wertvoller Materialien aus Solaranlagen.

Das Forschungsprojekt ReGCell unter der Leitung von Prof. Dr. Gesa Beck am Institut für angewandte Ressourcenstrategien (IARS) der SRH Berlin University of Applied Sciences hat zum Ziel, sämtliche in kristallinen Photovoltaikmodulen enthaltenen Materialien mit hoher Qualität wiederzugewinnen. Das neuartige ReGCell-Verfahren soll dabei mit möglichst geringem Energieverbrauch und ohne aggressive Chemikalien funktionieren.

Die beiden Produkte des bisher erarbeiteten Verfahrens sind das intakte Flachglas und die in einem Laminat aus Ethylen-Vinylacetat (EVA) eingekapselten Siliziumzellen mit Leiterbahnen.

Das Flachglas kann wiederverwendet oder wiederaufbereitet werden. Es erfolgt keine Verschlechterung zu qualitativ minderwertigerem Hohlglas oder zu Glaswolle, wie es bei den meisten anderen PV-Recyclingprozessen der Fall ist.

Die noch eingekapselten Siliziumzellen mit Silber können in die pyrometallurgische Aufbereitung gegeben werden. Dabei verschmelzen die verschiedenen Metalle miteinander in einem Hochtemperaturverfahren bei 800 bis 1300 Grad Celsius. In einer laufenden Studienarbeit wird zurzeit ein Verfahren entwickelt, das zusätzlich die Abtrennung des Silbers und des Siliziums ermöglicht.

Das Problem bei diesem Recyclingverfahren für Solarpanels ist noch, dass die Umsetzung in der Praxis ohne die gleichzeitige Wiedergewinnung des Siliziums und des Silbers nicht wirtschaftlich ist (siehe dazu auch den Abschnitt „Solarstrom und Umweltbilanz", ab Seite 32).

Hilfe

Glossar

Grundbegriffe der Elektrik finden Sie in „Kleines Strom-ABC“ auf Seite 14. Hier erklären wir kurz einige Begriffe, die Ihnen vielleicht noch nicht so geläufig sind.

Amortisation Eine Investition amortisiert sich mit dem Zeitpunkt, zu dem die Erträge – zum Beispiel aus einer Stecker-Solaranlage – die Investitions- und Betriebskosten ausgleichen. Beim Balkonkraftwerk ist das in der Regel der Zeitpunkt, zu dem die Anschaffungs- und Betriebskosten gleich hoch sind wie die eingesparten Ausgaben an den Netzbetreiber.

Bifazial-Solarmodule Photovoltaikmodule mit einem speziellen Aufbau, der die Panels auf beiden Seiten lichtempfindlich macht. Sie eignen sich besonders bei freistehender Aufstellung und vor reflektierenden Flächen wie hellen Hauswänden. Der Stromertrag steigt im Vergleich zu monofazialen Modulen um etwa 5 bis zu 30 Prozent.

Degradation ist bei Solarpanels der allmähliche Leistungsabfall durch die Alterung der Komponenten. Kristalline Photovoltaikzellen haben erfahrungsgemäß eine Lebensdauer von 25 bis 30 Jahren. Eine Leistungsgarantie von 25 Jahren geht davon aus, dass in dieser Zeit ein Leistungsabfall auf 80 Prozent der Ausgangswerte als normal betrachtet wird.

Ertrag einer Photovoltaikanlage ist die durchschnittliche jährlich erzeugte Menge an Solarstrom in Kilowattstunden (kWh). Der Ertrag einer Stecker-Solaranlage hängt von der Qualität der Komponenten, der Art und Größe der Panels, ihrer Ausrichtung und Neigung und vom Ort der Aufstellung, also der jährlichen Sonneneinstrahlung, ab. In Deutschland kann man kalkulieren, dass eine Solaranlage etwa 700 bis 1000 kWh pro kWp der installierten Panels erbringen kann.

Globalstrahlung misst man als die gesamte Strahlungsmenge von der Sonne in einem festgelegten Frequenzbereich, die die Erdoberfläche erreicht. Sie setzt sich im Bereich des sichtbaren Lichts zusammen aus der direkten Strahlung, die starke Schatten wirft, und der diffusen Himmelsstrahlung (vorherrschend bei geschlossener Wolkendecke) sowie reflektiertem Umgebungslicht.

Hot Spots reduzieren nicht nur die Leistung eines Solarpanels, sondern können auch zu thermischen Beschädigungen führen. Ein Hot Spot entsteht, wenn einzelne Solarzellen in einem Solarpanel durch starke Verschattung keinen Strom mehr produzieren, sich durch den elektrischen Widerstand gegen den Stromfluss von anderen Zellen aber stark erhitzen.

Leerlaufspannung Der Begriff gibt an, welche Spannung an einer Stromquelle herrscht, an der kein Verbraucher angeschlossen ist. Eine exakte Messung der Leerlaufspannung wird durch Spannungsmessgeräte mit einem möglichst hohen elektrischen Widerstand erreicht. Bei PV-Modulen stellt die Leerlaufspannung eine der bedeutendsten Kennzahlen für die Leistung der Solarmodule dar. Die maximale Spannung der Module ist für die Qualitätsbewertung wesentlich.

PAC Das Kürzel steht für „Power Alternating Current", also den Wechselstrom in Watt, der vom Wechselrichter aktuell abgegeben wird. Der jeweilige Messwert der Leistungsabgabe ist eine Momentaufnahme der Leistung der Photovoltaikanlage.

LCOE ist in Fachkreisen die Abkürzung für Levelized Cost of Electricity. Im Grunde werden die Gesamtkosten eines Systems zur Stromerzeugung über die gesamte Lebensdauer der Anlage addiert und dann durch die gesamte erzeugte Strommenge dividiert. Der Preis für die Kilowattstunde Strom bietet einen Maßstab, um die Wirtschaftlichkeit unterschiedlicher Technologien zur Stromerzeugung zu vergleichen.

Umwandlungsverluste In der Photovoltaik sind das alle Energieverluste, die von der Absorption der Sonnenstrahlung durch die Solarpanels bis zur Einspeisung in die Netzsteckdose entstehen. Sie treten vor allem auch im Wechselrichter auf, wenn der Gleichstrom von den Modulen in Wechselstrom umgewandelt wird. Weitere Ursachen für Umwandlungsverluste kommen durch Wärme oder den elektrischen Widerstand in Kabeln und Anschlüssen hinzu.

Windlast Die Windlast gibt an, wie stark die Kraft auf die Solarpanels ist, die senkrecht oder aufgeständert am Balkongeländer befestigt sind oder auf dem Untergrund liegen. Zu beachten ist: Je stärker die Panels in Windrichtung ausgerichtet sind und je waagerechter sie an einer Balkonbrüstung angebracht sind, desto stärker wird die Windlast.

Wohngebäudeversicherung: 24 Top-Tarife aus unserem Test

Die Tabelle zeigt die ersten 24 Tarife, die in unserer Untersuchung in Finanztest 10/2024 mit Sehr gut abgeschnitten haben – jeweils den besten pro Anbieter. Insgesamt konnten wir in dieser Untersuchung 53 Tarife mit Sehr gut bewerten.

Anbieter	Tarif	Finanztest QUALITÄTSURTEIL	Grundschutz (70 %)	Zusatzleistung (30 %)	Hotelkosten	Sachverständigenkosten	Ableitungs… re auf dem Grundstück
Adcuri	Premium-Schutz	**SEHR GUT (0,6)**	sehr gut (0,5)	sehr gut (0,8)	+	++	++
Alte Leipziger	comfort	**SEHR GUT (0,6)**	sehr gut (0,5)	sehr gut (0,8)	++	++	++
Barmenia	Premium-Schutz	**SEHR GUT (0,6)**	sehr gut (0,5)	sehr gut (0,8)	+	++	++
Degenia	T 23 optimum	**SEHR GUT (0,6)**	sehr gut (0,5)	sehr gut (0,9)	+	++	+
DEMA	IMMO PROTECT Top-Schutz	**SEHR GUT (0,6)**	sehr gut (0,5)	sehr gut (0,8)	+	++	++
Die Bayerische	Prestige	**SEHR GUT (0,6)**	sehr gut (0,5)	sehr gut (0,8)	+	++	++
Domcura	Top-Schutz	**SEHR GUT (0,6)**	sehr gut (0,5)	sehr gut (0,8)	+	++	++
GEV Grundeigentümer	Home Max	**SEHR GUT (0,6)**	sehr gut (0,5)	sehr gut (0,8)	++	++	++
Interrisk	XXL	**SEHR GUT (0,6)**	sehr gut (0,5)	sehr gut (0,7)	++	++	++
Janitos	Best Selection	**SEHR GUT (0,6)**	sehr gut (0,5)	sehr gut (0,8)	++	++	+
Konzept und Marketing	allsafe domo	**SEHR GUT (0,6)**	sehr gut (0,5)	sehr gut (0,8)	++	++	+
Rheinland	Premium	**SEHR GUT (0,6)**	sehr gut (0,5)	sehr gut (0,8)	+	++	++
Rhion	Premium	**SEHR GUT (0,6)**	sehr gut (0,5)	sehr gut (0,8)	+	++	++
SHB	Exclusiv	**SEHR GUT (0,6)**	sehr gut (0,5)	sehr gut (0,7)	++	++	++
Continentale	XXL	**SEHR GUT (0,7)**	sehr gut (0,5)	sehr gut (1,0)	+	+	○
DEVK	Premium-Schutz	**SEHR GUT (0,7)**	sehr gut (0,5)	sehr gut (1,2)	+	+	+
Europa	Komfort	**SEHR GUT (0,7)**	sehr gut (0,5)	sehr gut (1,0)	+	+	○
GVV Direkt	Premium	**SEHR GUT (0,7)**	sehr gut (0,5)	sehr gut (1,1)	+	+	+
HDI	Premium	**SEHR GUT (0,7)**	sehr gut (0,5)	sehr gut (1,0)	++	++	–[3]
Huk Coburg	Classic	**SEHR GUT (0,7)**	sehr gut (0,5)	sehr gut (1,0)	+	++	–[3]
Huk24	Classic @	**SEHR GUT (0,7)**	sehr gut (0,5)	sehr gut (1,0)	+	++	–[3]
Inter	Premium	**SEHR GUT (0,7)**	sehr gut (0,5)	sehr gut (1,0)	+	++	+
Mecklenburgische	Komfortdeckung	**SEHR GUT (0,7)**	sehr gut (0,5)	sehr gut (1,1)	+	++	–[3]
Öffentl. Oldenburg	Premium Ⓔ	**SEHR GUT (0,7)**	sehr gut (0,5)	sehr gut (1,0)	++	++	⊖

Bewertung:
++= Sehr gut (0,5–1,5).
+ = Gut (1,6–2,5).
○ = Befriedigend (2,6–3,5).
⊖ = Ausreichend (3,6–4,5).
– = Mangelhaft (4,6–5,5).
In den Prüfpunkten Rauch- und Rußschäden, Anprall von Fahrzeugen, Schutz bei Versichererwechsel und Vorsorgeversicherung schnitten alle gezeigten Tarife mit Sehr gut ab.
Die Beiträge sind kaufmännisch gerundet. Reihenfolge sortiert nach Qualitätsurteil, bei gleichem Urteil nach Alphabet.
■ = Ja. □ = Nein. – = Entfällt.
Gelb markiert sind die drei günstigsten Tarife für unsere beiden Modellorte inklusive weiterer Naturgefahren (Elementarschutz).
@ = Abschluss nur über Internet.
Ⓔ = Angebot regional eingeschränkt.
DL = Dachlawinen.
EB = Erdbeben.
ER = Erdrutsch.
ES = Erdsenkung.
L = Lawinen.
R = Rückstau.
SD = Schneedruck.
Ü = Überschwemmung.
V = Vulkanausbruch.

…ilnahme …n Ombuds- …rfahren …%)	Weitere Naturgefahren Versicherte Gefahren	Wartezeit (Wochen)	Wegfall der Wartezeit bei Versicherer-wechsel	Berechnung nach Wert 1914 oder nach Wohnfläche	Wert 1914	Jahresbeiträge für … (Feuer, Leitungswasser, Sturm/Hagel) Modellort: Geiselberg (Rheinland-Pfalz) mit weiteren Naturgefahren (Euro)	Modellort: Gera (Thüringen) mit weiteren Naturgefahren (Euro)
8)	EB, ER, ES, L, R, SD, Ü, V	2[1]	■	WF	–	736	635
	DL, EB, ER, ES, L, R, SD, Ü, V	4	■	1914	25 450	1 037	1 665
	EB, ER, ES, L, R, SD, Ü, V	2[1]	■	WF	–	736	635
8)	EB, ER, ES, L, R, SD, Ü, V	4	■	WF	–	805	892
8)	EB, ER, ES, L, R, SD, Ü, V	2	■	WF	–	688	**543**
	EB, ER, ES, L, R, SD, Ü, V	2	■	WF	–	688	**543**
8)	EB, ER, ES, L, R, SD, Ü, V	2	■	WF	–	688	**543**
	DL, EB, ER, ES, L, R, SD, Ü, V	1	■	WF	–	797	796
	DL, EB, ER, ES, L, R, SD, Ü, V	–	–	WF	–	919	1 152
	EB, ER, ES, L, R, SD, Ü, V	4	■	1914	25 450	901	1 146
8)	DL, EB, ER, ES, L, R, SD, Ü, V	2	■	WF	–	828	725
	EB, ER, ES, L, R, SD, Ü, V	4	■	WF	–	1 170	1 064
	EB, ER, ES, L, R, SD, Ü, V	4	■	WF	–	1 088	989
	DL, EB, ER, ES, L, R, SD, Ü, V	2	■	1914	25 450	940	980
	EB, ER, ES, L, R, SD, Ü, V	4[2]	■	1914	25 450	914	868
	EB, ER, ES, L, R, SD, Ü, V	4	■	WF	–	869	798
	EB, ER, ES, L, R, SD, Ü, V	4[2]	■	1914	25 450	**640**	608
	EB, ER, ES, L, R, SD, Ü, V	–	–	WF	–	**624**	719
	EB, ER, ES, L, R, SD, Ü, V	2[4]	■	1914	24 450	716	797
	DL, EB, ER, ES, L, R, SD, Ü, V	2	■	WF	–	706	851
	DL, EB, ER, ES, L, R, SD, Ü, V	2	■	WF	–	674	823
	EB, ER, ES, L, R, SD, Ü, V	2	□	1914	25 450	867	867
	DL, EB, ER, ES, L, R, SD, Ü, V	4	■	1914	25 450	1 081	980
	DL, EB, ER, ES, L, R, SD, Ü, V[5]	2[6]	■	WF	–	–[7]	–[7]

1) Gilt nur bei Überschwemmung und Rückstau. Wartezeit entfällt bei Überschwemmung durch Starkregen.
2) Gilt nur bei Überschwemmung, Rückstau und Schneedruck.
3) Gegen Mehrbeitrag versicherbar.
4) Gilt nur bei Überschwemmung.
5) Überschwemmung bei Überflutung durch Austritt von Grundwasser, wenn es an die Erdoberfläche gelangt, ist nicht versichert.
6) Gilt nur bei Überschwemmung und Rückstau.
7) Kein Angebot für den Modellort.
8) Risikoträger ist Mitglied

Stand: 1. Mai 2024

Privathaftpflichtversicherung: die 21 besten Tarife

Die private Haftpflichtversicherung ist eine der wichtigsten Versicherungen überhaupt. Sie kommt für Schäden Dritter auf, für die Versicherte verantwortlich sind und die unter Umständen deren finanzielle Existenz bedrohen. Die Tabelle zeigt die besten 21 der 424 Angebote. Alle Tarife gibt es kostenlos unter test.de/haftpflicht-zusatz.

Anbieter	Tarif		Versicherungssumme für Personen- und Sachschäden (Mio. Euro)[1]	Jahresbeitrag (Euro)	Finanztest QUALITÄTSURTEIL	Grundschutz und Versicherungssumme
SDK Neva	Plus[4]		75 (15)	81	SEHR GUT (0,6)	++ (0
WGV	Plus		100 (15)	86	SEHR GUT (0,6)	++ (0
Alteos	Diamant[11,12]		60	99	SEHR GUT (0,6)	++ (0
DFV	HaftpflichtSchutz		100 (15)	120	SEHR GUT (0,6)	++ (0
Signal Iduna	Premium + Baustein Auto		75 (15)	123	SEHR GUT (0,6)	++ (0
R+V	Premium (L) + Kfz-Spezial Plus		75 (15)	144[14]	SEHR GUT (0,6)	++ (0
Huk24	PH Classic PH Plus	@	100 (15)	60	SEHR GUT (0,7)	++ (0
WGV	Optimal		75 (15)	61	SEHR GUT (0,7)	++ (0
Huk-Coburg Allgemeine	PH Classic PH Plus		100 (15)	68	SEHR GUT (0,7)	++ (0
MVK (Medien)	Premium		50	75	SEHR GUT (0,7)	++ (0,
VRK	PH Classic PH Plus		100 (15)	75	SEHR GUT (0,7)	++ (0,
HDI	PHV Premium online	@	50	81[20]	SEHR GUT (0,7)	++ (0,
MVK (Medien)	Premium+		50	94	SEHR GUT (0,7)	++ (0,
Signal Iduna	Premium		75 (15)	102	SEHR GUT (0,7)	++ (0,
Die Haftpflichtkasse	Einfach Komplett		70 (15)	108[23,24]	SEHR GUT (0,7)	++ (0,
Axa	Boxflex + Baustein Premium		60	109	SEHR GUT (0,7)	++ (0,
Zurich	Top		50	110[22]	SEHR GUT (0,7)	++ (0,
Axa	Haftpflicht Online Leistungspaket L + vier weitere Bausteine[25]	@	60	111[20,26]	SEHR GUT (0,7)	++ (0,
HDI	PHV Premium		50	130	SEHR GUT (0,7)	++ (0,
R+V	Premium		75 (15)	132[14]	SEHR GUT (0,7)	++ (0,
Allianz	Premium + Baustein Öltank-Haftpflichtschutz		100	241[20]	SEHR GUT (0,7)	++ (0,

Bewertungen:
++ = Sehr gut (0,5–1,5).
\+ = Gut (1,6–2,5).
○ = Befriedigend (2,6–3,5).
⊖ = Ausreichend (3,6–4,5).
− = Mangelhaft (4,6–5,5).
Bei gleichem Qualitätsurteil Reihenfolge nach Beitrag und Alphabet. Beiträge sind kaufmännisch gerundet.

■ = Ja. □ = Nein. ◪ = Eingeschränkt. – = Entfällt.

1) Sofern die maximale Versicherungssumme pro geschädigter Person geringer ist, steht diese in Klammern (Millionen Euro).
2) Gilt in der Regel nur innerhalb Europas, zum Teil nur innerhalb der EU.
3) Es gibt meist Beschränkungen bei den Fahrzeugen und/oder hinsichtlich der Miet- beziehungsweise Reisedauer.
4) Risikoträger ist die Neodigital.
5) Unterirdische Tanks sind unter Einhaltung bestimmter Auflagen mit-
6) Versichert ist (auch) die Vermietung einer Ferienwohnung oder eines Ferienhauses im Inland.
7) Vermietung nur innerhalb Europas, zum Teil nur innerhalb der EU.
8) Auch abhandengekommene geliehene, gemietete oder gepachtete Sachen sind zumindest eingeschränkt mitversichert.
9) Ansprüche müssen gerichtlich geltend gemacht werden.
10) Unterirdische Tanks sind mit-
11) Vertrieb erfolgt ausschließlich über Makler.
12) Risikoträger ist die Axa.
13) Ansprüche aufgrund von Sachschäden müssen gerichtlich geltend gemacht werden.
14) Nur monatliche Zahlweise möglich.
15) Bei Angehörigen nur bis 100 000 Euro.

Weitere Deckungserweiterungen (33 %)	Wichtig für Familien		Wichtig für Immobilienbesitzer				Wichtig für besondere Situationen		
	Deliktunfähige Personen	Haftpflichtansprüche untereinander	Bauvorhaben	Photovoltaik	Heizöltank	Vermietung Ferienwohnung/-haus im Ausland	Geliehene und gemietete Sachen	Drohnen	Mallorca-Police[2)3)]
++ (0,7)	■	■	■	■	■5)	■6)7)	■8)	■	■
++ (0,7)	■	◪9)	■	■	■10)	■6)7)	■8)	■	■
++ (0,6)	◪	■	■	■	■10)	■6)7)	■8)	■	■
++ (0,6)	■	■13)	■	■	■10)	■6)7)	■	■	■
++ (0,6)	■	■	■	■	■10)	■6)	■	■	■
++ (0,8)	■	◪15)	■	■	■10)	■6)7)	■8)	■	■
++ (0,9)	■16)	❑	■	■	■10)	■6)7)	■8)	■	■
++ (1,0)	■	❑	■	■	■10)	■6)7)	■8)	■	■
++ (0,9)	■16)	❑	■	■	■10)	■6)7)	■8)	■	■
++ (1,0)	■	◪17)	■	◪	■	■7)18)	■8)	■	■
++ (0,9)	■19)	❑	■	■	■10)	■6)7)	■8)	■	■
++ (1,0)	■	■	◪	■	■10)	■6)	◪21)	◪	■
++ (1,0)	■	◪17)	■	◪	■	■7)18)	■8)	■	■
++ (0,9)	■	■	■	■	■10)	■6)	■	■	❑
++ (0,9)	■	■	■	■	■5)	❑18)	■8)	■	■
++ (1,2)	■	■	■	■	■10)	❑	■8)	■	■
++ (1,1)	■	■	■	■	■10)	■6)7)	◪8)21)	■	■
++ (1,0)	■	■	■	■	■10)	■6)	■8)	■	■
++ (1,0)	■	■	◪	■	■10)	■6)	◪21)	◪	■
++ (1,1)	■	◪15)	■	■	■10)	■6)7)	■8)	■	❑
++ (1,1)	■	❑	■	■	■10)	❑	■	■	■

16) Voller Schutzumfang bei Kindern und demenzbedingter Deliktunfähigkeit von Personen. Bei sonstigen deliktunfähigen Personen nur bis 20 000 Euro.

17) Gilt nur für: Ehegatten, eingetragene Lebenspartner, Lebensgefährten und Kinder.

18) Versichert ist (auch) die Vermietung einer Ferienwohnung im Inland.

19) Voller Schutzumfang bei Kindern, demenzbedingter Deliktunfähigkeit Personen. Bei sonstigen deliktunfähigen Personen nur bis 20 000 Euro.

20) Beitragsberechnung nach Tarifzonen. Beitrag gilt für Postleitzahlenbereich 10785 in Berlin.

21) Hier wird ein Selbstbehalt abgezogen oder der Versicherer zahlt erst, wenn eine Mindestschadenhöhe erreicht ist.

22) Anbieter hat Beitragserhöhung um 5 Prozent zum 1.7.2023 angekündigt.

23) Beitrag beinhaltet 10 Prozent Vorschadensnachlass.

24) 10 Prozent Rabatt, wenn Vertragsunterlagen ausschließlich online übermittelt werden.

25) Bausteine Deliktunfähigkeit + Hausbesitzer + Öltank + Vermietung.

26) 3 Euro Rabatt, wenn Vertragsunterlagen ausschließlich online übermittelt werden.

Stand: 1. Juni 2023

Stichwortverzeichnis

G

H

I/J

K

L

M

N

P

R

S

T

U

V

W

X

Z

Die Stiftung Warentest wurde 1964 auf Beschluss des Deutschen Bundestages gegründet, um dem Verbraucher durch vergleichende Tests von Waren und Dienstleistungen eine unabhängige und objektive Unterstützung zu bieten.

www.blauer-engel.de/uz195
- ressourcenschonend und umweltfreundlich hergestellt
- emissionsarm gedruckt
- hauptsächlich aus Altpapier

MI6

Dieses Druckerzeugnis wurde mit dem Blauen Engel ausgezeichnet.

Dieses Buch erfüllt die Anforderungen des „Blauen Engels" für Druckerzeugnisse. Das bedeutet unter anderem: Es wurde auf 100 % Recyclingpapier mit mineralölfreien, schadstoffarmen Farben gedruckt, und im Vergleich zu gängigen Druckprozessen entstanden beim Druck dieses Buches besonders wenige Emissionen und Papierabfälle. Gedruckt wurde es in Deutschland, um den CO_2-Ausstoß gering zu halten.

© 2025 Stiftung Warentest, Berlin

Stiftung Warentest
Lützowplatz 11–13
10785 Berlin
Telefon 0 30/26 31–0
Fax 0 30/26 31–25 25
www.test.de
email@stiftung-warentest.de

USt-IdNr.: DE136725570

Vorständin: Julia Bönisch
Weitere Mitglieder der Geschäftsleitung: Dr. Holger Brackemann, Daniel Gläser und Dr. Birger Venn-Hein

Alle veröffentlichten Beiträge sind urheberrechtlich geschützt. Die Reproduktion – ganz oder in Teilen – bedarf ungeachtet des Mediums der vorherigen schriftlichen Zustimmung des Verlags. Alle übrigen Rechte bleiben vorbehalten.

Programmleitung: Niclas Dewitz

Redaktion: Uwe Meilahn
Fachliche Beratung: Wolfgang Schröder, Uffenheim; Dirk Lorenz
Die Seiten 15–45 in diesem Buch beruhen auf dem Kapitel „Photovoltaik zur Energieversorgung" im Buch „Photovoltaik & Batteriespeicher" (Stiftung Warentest, 2023; Autor: Wolfgang Schröder)
Projektleitung: Philipp Sperrle
Lektorat, Bildredaktion: Magnus Enxing
Korrektorat: Christoph Nettersheim
Titelentwurf: Daniela Greven

Layout: Büro Brendel, Berlin
Grafik, Satz: Anne-Katrin Körbi
Bildnachweis: Titel Adobe Stock
Innenteil: 114 AVM; 23, 30 Büro Brendel; 24 dwd.de; 74 EMH metering (www.emh-metering.com); 128 Enphase Energy; 22, 27, 28 oben Förm, Quelle: K. Mertens, lehrbuch-photovoltaik.de; Gettyimages: 10, 4 oben Noctiluxx, 4 unten Stefan Cioata, 12 Daniel Bosma, 19 Marga Buschbell-Steeger, 31 chinaface, 39 Michael Duva, 60 U4 links Westend61, 87 Erdark, 76 Hudzilla, 101 und 143 imageBROKER/Robert Poorten, 94 Jeremy Poland, 5 oben, 50 und 144 Carlos Sanchez Pereyra; 113, 158 Stiftung Warentest / Ralph Kaiser (M); 57, 58 Growatt; 16 Uwe Meilahn; 42 Mennekes; 137 rechts: Naassan Com GmbH / Avoltik; U4 rechts, 5 Mitte, 134, 146–151 Tom Philippi; 120, 136 Plug and Play Solarhandel GmbH (www.ihr-eigenes-Balkonkraftwerk.de); 62 Energiemessgerät Firma REV Ritter GmbH, 63776 Mömbris; 33, 37, 47, 48, 53–56, 137 links, 140, 141 Michael Römer (47 und 48 Quelle: Statista); 29 rechts Shutterstock; 65 solarcarporte.de; 60 Stiftung Warentest; 35, 78/79 Stiftung Warentest/René Reichelt; 127 Trina Solar Limited 2023; 26, 29 links Wiki-Commons, Markus A. Hennig; 119 Zendure; Adobe Stock: 152 scharfsinn86, 5 oben Robert Poorten, 5 unten JoshuAA/peopleimages.com

Verlagsherstellung: Rita Brosius (Ltg.), Romy Alig, Susanne Beeh
Litho: tiff.any, Berlin
Druck: Westermann Druck Zwickau GmbH

ISBN: 978-3-7471-0871-0